美在念里
美在行里

郑小薇 著

中国文史出版社

图书在版编目（CIP）数据

美在行里　美在念里 / 郑小薇著. -- 北京 : 中国
文史出版社, 2021.6

ISBN 978-7-5205-3034-7

Ⅰ. ①美… Ⅱ. ①郑… Ⅲ. ①女性—修养—通俗读物
Ⅳ. ①B825.5-49

中国版本图书馆CIP数据核字(2021)第113083号

责任编辑：卜伟欣

出版发行：中国文史出版社
社　　址：北京市海淀区西八里庄69号院　　邮编：100142
电　　话：010—81136606　81136602　81136603（发行部）
传　　真：010—81136655
印　　装：廊坊市海涛印刷公司
经　　销：全国新华书店
开　　本：710mm×1000mm　1/32
印　　张：6.5
字　　数：140千字
版　　次：2021年8月北京第1版
印　　次：2021年8月第1次印刷
定　　价：58.00元

第三章　有趣的灵魂，胜过貌若芙蓉

第四章　高情志远，所遇皆是美好

第五章 世事洞明，我有我的哲学经

第六章 心有千千结，情思万缕

第七章　世间万物，皆可抚慰

第一章 仪态万千，悦目是佳人

美，在于独特

　　女子之美，不在胖瘦，不在脸蛋，在于顺然天成，更在于多姿。就好比万花丛，你不必羡慕娇艳似火的玫瑰，也不必羡慕寒霜傲骨的蜡梅，更不必为自己不是出淤泥而不染的清莲而自卑。任何一朵花都有绽放的权利，都有自己的风采，都有独属自己的味道。

　　发现自己的独特之美，人人可以修成。

女子的大气之美

做个大气的女子，不为名利而争，不为钱财而搏。

大气女子的魅力蕴含于举手投足、眉宇和谈吐之中；大气的女子，懂得时尚会昙花一现，高尚的品格才会恒久。

悠闲时，可以在阳光沐浴中读喜欢的诗歌。夕阳下，可以和最亲的人漫步林间。那是一种洒脱与超然。

女子的精致之美

一个人的穿着，最能看出她对生活的态度。精致的女子一定是爱生活的，爱到了极致，才肯花时间修饰自己。不一定浓妆艳抹，但一定光彩照人。

女子的诗意之美

诗意的女子风露清愁，才华横溢，是最值得品味的。仿佛一杯好茶，需得有时间、耐心、信心，才能品出清香，才会余味无穷。

历史上的奇女子，哪一个不是才华横溢呢？美丽的容貌只会吸引那些浅薄的人，满身的才气才会让你充满魅力。

女子的温柔之美

温柔的女子最是坚韧，遇河蹚河，遇山绕山，没有过不去的坎，生命如水一般流淌。

轻柔的步履，款款的语言，一定会融化这个世界。

颈项，藏着旗袍最美的寄托

女人的脖颈相比脊柱，多了几分柔软与妩媚，恰恰是这样软硬兼施的美是它真正迷人的来源。

旗袍，是对这一灵魂线最美的装饰。

古人曾这样修饰美人："手如柔荑，肤如凝脂，领如蝤蛴，齿如瓠犀。螓首蛾眉，巧笑倩兮，美目盼兮。"

多少女子，都梦想着有一袭华美的旗袍，得体地穿在身上，尽显妖娆。修长的脖颈，纤细而优美，加上旗袍那半立的衣领，白皙的颈部就会若隐若现，是道不尽的端庄风韵。

亭亭长玉颈，款款小蛮腰，那份东方神韵，宛若古典的花，开放在时光深处，惊艳时光。

婀娜的女子，一袭旗袍，撑着一把油纸伞，走在灰墙青石的古色弄巷里，笑颜如花绽，玉音婉流转，只一回眸间便醉了千年。

我于岁月静好的时光里等你，等你随我，携手漫步走天涯。

佳人之美，尤在风骨

"北方有佳人，遗世而独立"，论美，仅有颜值，太单薄，经不得细品，要有点独特的风骨，才堪称佳人。

美人骨，世间上品。有骨者，而未有皮，有皮者，而未有骨。

得风骨的美人，从来都是被岁月珍惜的。时光沉淀下，是她不败的芳华。

这样一个女子，清玉为骨，白裳雪倾，素颜如霜，穿过清冷的月光，翩跹而来，从此岁月无双。

这样的女子，容颜依旧，芳华永驻，如沐风华，惊世倾城。她，不诉离殇，玉人长立，温暖旧时光。

份淡定融入迢迢绿水，任春来秋去，樱桃自红芭蕉暗绿。

她，从上古诗经的蒹葭开始，翻阅一川逝水烟岚，将万千风情凝她，独居云水间，将指水月风华，一枕幽思化一庭梅花舞雪。

　　这样的好非必丝与竹，山水自有清音。身姿清秀，香浮波上，嗅之如无，忽焉如有，恍兮忽兮，令人神怡。

　　美人风骨，永不凋谢的芳华。

笑对人生，岁月温柔

雨果说：有一种东西，比我们的面貌更像我们，那便是我们的表情；还有另外一种东西，比表情更像我们，那便是我们的微笑。

张衡在《思玄赋》写道："离朱唇而微笑兮，颜的砾以遗光。"美人嫣然一笑倾城倾国，温柔了岁月。

回首，那些阴霾里温柔过的目光，那些在生命中灿烂过的笑容，在生活的沧桑中，都成了折叠的记忆。

我们不能不承认，世界还不是太完美，生活中还有太多的烦琐与无奈。这时候，给生命一个微笑，用微笑面对人生。就如就如河流欢快着去融入大海。

带着阳光、雨露的清新，与时光对饮。在温暖的阳光下沐浴，风干心事，明媚眼眸。

洒脱笑看过往，恬淡随遇而安。用感恩的情怀滋养岁序，用希望的欢愉坚守梦想。

人生太真实，人生如梦不是梦；生活有苦涩，生活如水不是水。

对自己保持着微笑，就能把生活、工作中的每一次失败都归结为尝试，不去懊恼，让自己放松。

对自己保持着微笑，就能把每一次的成功想象成一种幸运，不去自傲，也不会故步自封。

微笑就像琴弦上的音符，微笑就像暖人的阳光，它能奏响生命的乐章，它能将自己脚下的路变得宽阔和畅通。

转身时
背影要美

人生是终究一个人的路。

开始你会有父母养护，然后是同学、朋友、情人、亲人和孩子。他们交替着陪伴你，走过不同的路途，却也不能陪你走完。我们不可避免的，都要走向人生的下一段。

这一路，可以是繁花似锦，也可以是静水深流。但无论是哪种风景，都不要忘记告别那种全副武装、张牙舞爪的状态，卸下所有的装备，别让自己那么累。

学会跟当下并不完美的生活握手言和。优雅地蹲下身来，轻轻收起碎成一地的凌乱和忧伤。有人赏识的时候，提醒自己保持优美的身姿和温和的目光；没人扶你的时候，更要命令自己努力站直！

路很长，因为始终负重前行，一天结束的时候，你的脚或许是脏的，你的头发可能是凌乱的，但背影，一定要美。路还长，自己站直，自信坚强。

愿在今后的日子里，即使单枪匹马，也能勇敢无畏。

纤纤柔荑，拨弄人间烟火

我想牵你的手，从心动，到古稀。而那双手，被赋予了生命中最厚重的承诺。

生命没有来日方长，现在的每一天，都是余生最美好的一天。

这也许就是我们热爱生命的理由，它酸甜苦辣，它来去匆匆。，所拥有的却是谁也复制不了的美丽人生。

古往今来，呈现在画家笔下的美人，最美的是那一双双安然垂在胸前的手。它们光滑美丽，像玉一般莹莹泛光。那双手，撑得起一家烟火温暖，也端得住满世芳华。

几百年过后，再看那画中的女人，只感觉那手充满灵性地又要动起来，仿佛又要去挑油灯的灯花。

它最柔，能化解钢筋水泥般的强硬，它最韧，握得住风刀霜剑的岁月攻击。

一切风平浪静时，这双手，亦能对镜贴花黄。

那一刻，它与她，是最美的永恒。

审丑是本能，
审美却需要学习

木心先生曾说："没有审美力是绝症，知识也救不了。"

现在就有一种"隐形穷人"，穷的不是物质，也不是文化，而是审美。

没有恰当审美的人，生活暴露出最务实的一面，越来越追求实用化的背后，生活也越来越单调、越来越无趣。

审美是什么？审美是看见一个东西时，内心产生与过往经验的比对。在人的诸多能力中，审美是一个完全可以靠后天习得的能力，它不在基因里遗传，但却极易受到群体性的影响。

这就是几乎每一个人都有一个不堪回首的"闰土"童年照片的原因。

为什么后来大家进入大学，再走向社会，走过很多地方，就变得比原来更具审美力了呢？

  其实只有看过很多美好的事物之后，我们才真正会懂得美是何物。

  天地生息，万物皆美，把一草一木融入生活里，把最美的情愫留在心里，"风花落未已，山斋开夜扉。"

  "雨中山果落，灯下草虫鸣"，审美力是久处不厌的会心。

心底有诗，眼有星辰

很多年很多年，逝去。

她，依然心怀梦想、热爱生活。

她，把自己的小小爱好做好，融入自己的生活。

她，博览群书、坚持写作；她，走过很多地方，看过很多风景，用相机记录下每一帧美好的画面。

她，尝试了很多有趣的事情，享受生活带来的新鲜。

她，心怀善意，眼有星辰，活泼温柔，时光在她身上刻下了温柔的印记。

时光之下，什么都会衰老，唯有那双清澈的星眸，可以在心灵的养护下保持不变。

女人的最美便蕴含在眼神里，这和年龄、经历无关。

这样的女人即使历尽沧桑和磨难，依然懂得沉淀过滤自己的内心，让自己心怀美好去生活。

心灵的干净让眼神委婉、美丽和温柔，就如我们的天使奥黛丽赫本，一生沧桑的她，在七十几岁高龄，眼神依然美丽如童子，那份委婉、高雅、自然、坦荡的美至今让人难忘。

愿你经历风风雨雨，再回眸，眼神依旧清澈。

那里面，有不灭的星光。

故無有恐怖

界三世諸佛

般多羅三

蜜多是

第二章

悦纳自己，不要人夸好颜色

纵是人间风雨，独守心田

夜阑人静，天籁无声。

每逢这个时刻，才能卸下沉重的面具，拆除心田的栅栏，真实地审视自己。于生命深处，倾听到丝丝脆鸣，如甘霖，似春风。

每逢这个时候，才能脱下虚妄的华裳，正视裸露的良知，走出世俗的藩篱，于灵魂高处，感念到碧波荡漾的律动。

至此，做一个无"装"之人，敢于面对世间一切暖或冷之真相。

于是，我们明白，这一世的年华，不过是杯中酒，抿一口，便已是浪迹天涯。

曾经，在那少不更事的年纪里，觉得一朝一夕都盛满悲欢离合，而今，在岁月的沉淀下，觉得纵然悲欢离合，也是人间最寻常不过的烟火。

　　人生本来就没有相欠，全力拥抱梦想，不随波逐流，不人云亦云，用梦想填满生活，精彩而独特。

　　做一个沐浴在阳光下的人，在经年的时光深处，煮一壶岁月的清茶，兀自芬芳。

你若盛开，清风自来

人生短暂，与其讨好世界，不如取悦自己，自在、独特、优雅。

高层次的快乐是发现自我，活出自己喜欢的样子。

愿你我学会悦纳本心，活出自我，好好享受时光的馈赠，不疾不徐，无所畏惧。

你若盛开，清风自来。

即使我们进入了婚姻，也请花些时间给自己：在午后端着一杯咖啡，看看喜欢的书，长年累月的内在修为，会如三餐粥饭，空气与水，润物细无声地影响着你的外貌与气质。

虽然说"女为悦己者容"，但"己悦"比"悦己"更重要。人生下半场，不如把希望放在自己身上，去取悦自己，照见自己。

如果你追求奢侈舒适，就没必要规定自己艰苦朴素。

如果你喜欢高朋满座，就没必要强迫自己遗世独立。

如果你欣赏城市繁华，就没必要待在偏僻乡村。

取悦自己，正是知道自己到底是一个什么样的人，并且选择最合适的生活。

我们活着不是为了取悦世界，而是为了取悦自己。我们无须害怕与他人的分歧。同一种花，也会开出不同的美丽。

　　以你明媚的韵律，用你喜欢的方式，做你喜欢的事，这叫作——幸福。

内里温柔，
也要硬壳护体

当你变得越来越刚硬，你以为你成熟了，但其实并没有。

成长应该是变温柔，对全世界都温柔。

蜗牛的身体柔软，但它有一个坚硬的外壳护体。我们也要有一个壳保护自己，它是我们的原则、底线、能力、勇气，它使我们变成一个坚定的人。

比之刚硬，温柔的女人更有力量。她们待人接物从容不迫，使人如沐春风，这份从容来自内心的坚定。这份坚定是她的能力、勇敢、她内心的尊严赋予她的底气。

女人的力量是温柔且坚定。

没有经过岁月磨炼的温柔只是单纯，真正的温柔是女人处世的一种独到的能力，真正的强大是女人对生活的一种积极的态度。

这样的温柔，它缓缓地散发出来，有一种绵绵的诗意，围绕在你的身旁，让你感受到一种放松，一种归属。

这样的温柔，是生命的一种自然散发，经得起考验，一直相伴到生命的终结。

像孩子一样勇敢

一直以来，我们都习惯假装一切都很好，万事皆无畏，自己什么都可以承担。

一直以来，我们小小的身躯其实承受了很多的负重，我们不把悲伤留给别人，却让它们在自己的体内积累循环。

多少次，内心负重不堪，心口堵块大石头。

所以在某一时刻，就允许自己回到小孩子的时代，抱一下你心里的那一个软弱的小孩，不要再假装勇敢，不要害怕别人会看穿你的孤单。

不要去责备自己没有做得更好，不要将所有的问题都揽在自己身上。

因为只有这样，我们才可以真正去积蓄能量，学会和自己和解，是终止一切痛苦的方法之一。

从今日起，像孩子一样活着，忠实地对待自己。

你是否尝试这样过一天：关掉手机，合上电脑，将报纸杂志都扫到杂物筐里去。

　　当你不再觉得自己"有用"和"重要"的时候，童年的简单美好，便会击中你的心。

　　那将是我们最美的时候，
像孩子一般，勇敢。

正视**欲望**，向阳而生

不要畏惧你的欲望，欲望，有时是我们的活力之源。比如改变，比如表达，比如进步，比如挑战，比如只是简简单单地成为自己。

少女的你，可能对一个包，一支口红，一双新鞋生产欲望。

而今，成熟的你，追求的是长期的成长和进步，是有人爱，有人说话，有人理解，有人分享这背后带给你的所有欣喜，自然也包括那些物质的，但那些仅仅是结果，而不是我们全部的动机。

而你，有必要去区分开这样的结果和目的，不要让结果成为你的全部目的，迷失了心智。

那些闪着生命光芒的欲望，让我们不停狂奔，欲望成长，向阳而生，丰盈生命。

有欲望，是一个女人最大的保鲜剂。

有欲望，是一个人的基本生命力。

从今日起，不妨开始正视你的欲望。你会发现，正是这些欲望，让一个女人活得千姿百态，活得紧实有力。

接纳自己的不完美

　　每个人心中都有两个我，一个不完美的我，一个完美的我。

　　不完美是人的本性，因而这个我是真实的。

　　承认不完美，我们就能找回真实的自己，虽不完美，但却完整。

　　承认自己的不完美，然后坦然接受这样的自己。

　　这种接受，是在自我觉醒的基础上进行的。接纳并不是逆来顺受，停滞不前，它会让变化自然而然地翩然而至。

　　人生是一场修行。我们从出生到老去，会遇见很多不同的人，不同的风景以及不同的自己。

　　而这些自己之所以会不同，是因为我们在前行时，一路不断提升、改变、成长。也只有有了这些积累，我们才能在某一个时间段，和更美的那个自己不期而遇。

没有谁是完美的，所以从来不会拥有最完美的自己。但是我们却可以一直走在追求完美的路上，遇见更美。

接纳自己的不足，发挥自己的长处，你就是一个完整的人。

正如林语堂在《人生不过如此》中说的："不完美，才是最完美的人生。"

虽然每个人的人生千差万别，但这个世界的仁慈就在于：每个人都可以用自己的方式，尽情发挥自己的人生。

因为不完美，已经是最完美了！

你努力的样子
真美

十年前你是谁，一年前你是谁，甚至昨天你是谁，都不重要。

重要的是，今天你是谁？

有人说，努力与拥有是人生一左一右的两道风景。

努力是人生的一种精神状态，是对生命的一种赤子之情。一心努力可谓条条大路通罗马，只想获取可谓天地窄小。

志向再高，没有努力，志向终难坚守。

与其规定自己一定要成为一个什么样的人物，获得什么东西，不如磨炼自己做一个努力的人。做一个努力的人，可以说是人生最切实际的目标，是人生最大的境界。

许多人因为给自己定的目标太高太功利，因难以成功而变得灰头土脸，最终灰心失望。究其原因，往往就是因为太关注拥有，而忽略做一个努力的人。

　　努力是责任，努力是价值。

　　在充满希望的日子，告诉自己：努力，就总能遇见更好的自己！

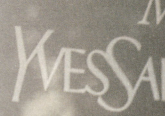

没有王冠，也别低头

很多女孩儿都羡慕童话里的公主，因为她们拥有所有女孩儿想拥有的东西。更因为，她们有着爱她们的王子。

但是，抱歉，不是每个男孩儿都是王子。不是每个女孩儿都是公主。

当然，许多女孩儿都是家里的公主，被父母宠爱着。

可是，走出家门呢？

你，还会被人人宠爱吗？

当然不会，这世上那么多人，怎么会人人都喜欢你。

在社会的大环境里，你只是一个渺小的个体。

有时候，你要知道，在很多人面前，你什么都不是。

为什么有的人能够赢得别人的尊重和敬重呢？

那是因为，他们有自己独到的一面，他们的尊严，是自己赚来的。

亲爱的，你不是女王或公主，你没有王冠。

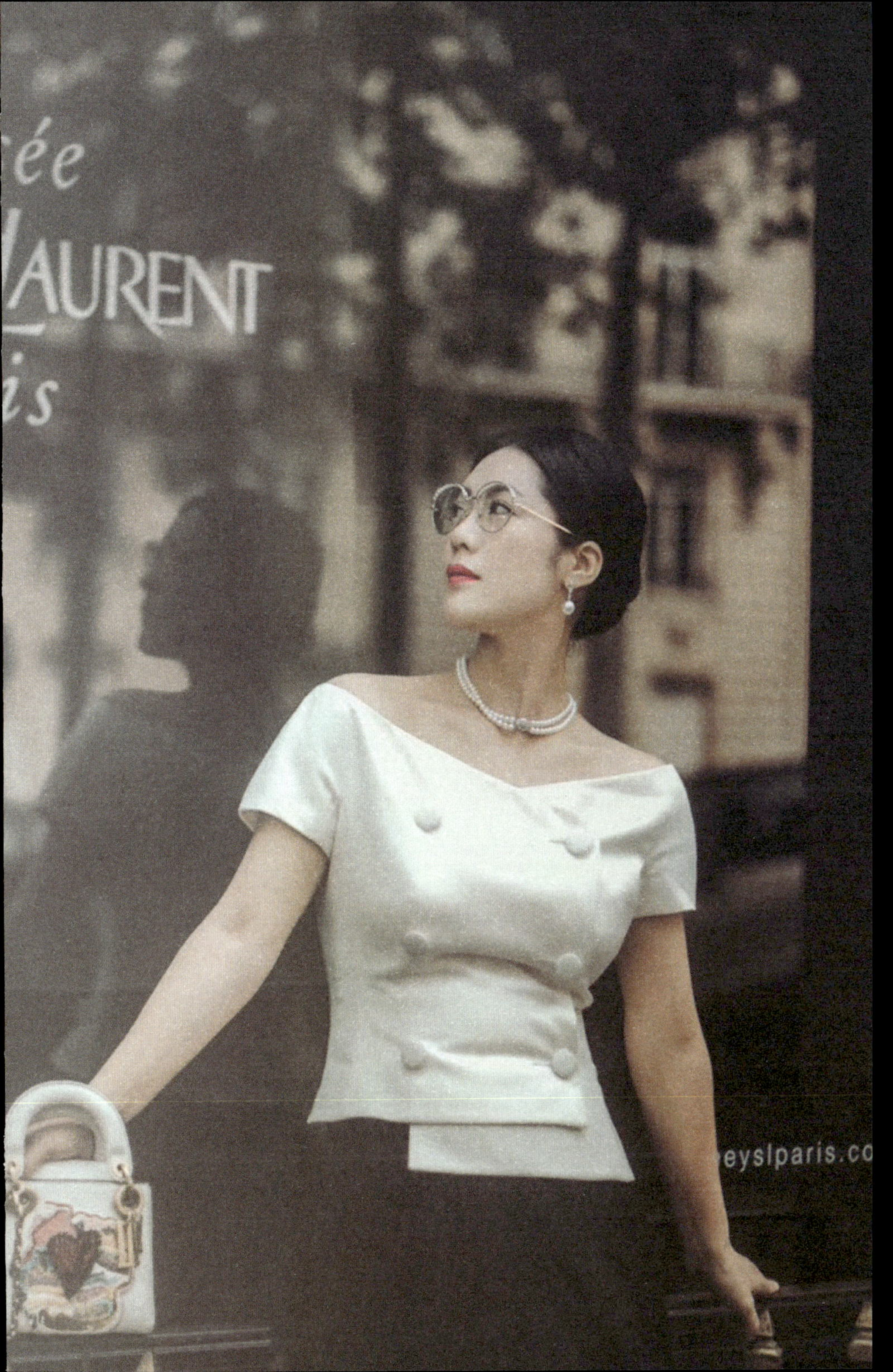
ée
AURENT
is
eyslparis.co

優

雅

挖掘自己吧，宝藏女孩

每个平淡无奇的生命中，都蕴藏着一座金矿，只要肯挖掘，也会挖出令自己都惊讶不已的宝藏和优点。

其实，我们都没有自己想象中的那么差劲，我们都比想象中的自己更完美。找到自身优势，也就发现了通往幸福的秘诀。

一个人之所以能成功不是依靠弥补自己的缺点和缺陷，而是要发挥自己的优势。

可是，在现实生活中，很多人对自己的才能和优势并不了解，更不知道如何充分发挥。

相反，由于受传统观念的影响，人们更多地在弥补自身缺陷、弱点，认为只有比别人的缺点更少，才能取得成功。

很多姑娘明明很优秀，却因为觉得自己普通，就畏畏缩缩，不敢表达。

明明不满足于现状，却不肯踏出舒适圈，不敢尝试。

只有将缺点无限地缩小，将优点无限地放大，我们的生命才会越来越有价值，才能创造出一个又一个的辉煌。

让自己的灵魂做主

在短暂的一生中，让自己的灵魂做主。

公元前4世纪，荷马处在一个迷茫的时代，当时没有人知道未来是什么样的社会。荷马却在人声的喧闹中跟随自己的灵魂，为自己奔跑，用灵魂铸造了《荷马史诗》，也铸就了自己不朽的名声。

当环境成为容器，我们不得不成为"液态"存在，个性便成为与我们无关的东西。

制约我们心灵和身体的线条，像空气一样，无处不在，我们有些遐想，已经很不错了。

遐想自己无形无体，无拘无束，天马行空，自由飞翔。

遐想自己有声有色，有棱有角，天子呼来不上船……

此等遐想，打破的是灵魂的桎梏。所以，有时候，破坏是必须的。

必要的反抗是自我尊严的展示，亦是情绪宣泄的重要途径。这时候，我们不是容器中的水，我们是自己。

让灵魂做主，做一回自己。

灵气

重拾梦想，是告别也是成长

　　关于梦想，从小时候的豪言壮语到现世的知足常乐，人生的种种遭遇将英雄梦、公主梦无情地击碎，所以我们的梦想变得越来越小，从科学家、文学家到律师、教师，再到为房贷、车贷、生计而奔波的渺小的蚁族。

　　当那个叫梦想的东西从我们的世界里消失，便会无奈、颓废地说一声："谈梦想太奢侈了。"然后对那些执着地坚守自己梦想的人嗤之以鼻。

如果不是我们嘲笑的那个人已经长成了一棵参天大树，如果不是人生突遭变故，如果不是感受到岁月匆匆，有谁会痛下决心捡起曾经的梦想。

　　树立梦想也许是随口一说，也许是深思熟虑，但是重拾梦想需要勇气与决然，抛掉安逸、戒掉拖延，那意味着一次脱胎换骨的成长。

好姑娘，自己挣钱买花戴

清晨为自己的办公桌上的空瓶换上一枝鲜花。而最珍贵的花，不是别人送的，而是自己买的。

一个人好好享受温暖的阳光和浓香的咖啡，再品一本好书，你会发现阳光和煦，生活安逸又和谐。

每个人都是独立的个体，人与人之间没有那么多的应该与不应该，没有人应该给你什么，何况年轻和美貌总会随着岁月的流逝而日益贬值。

依附于他人，可能暂时会得到财富或者权势，然而这一切都不是凭自己的实力踏踏实实挣来的，朝夕之间，或许灰飞烟灭。

天行健，君子以自强不息，无论男人还是女人，如果要依附的话，那也应该依附自己的事业，这才是让我们的人生有底气的根本。

自身的强大，才能换得别人的尊重。

伸手向别人乞求，是要放弃自己很多原则的。每个人活着都不容易，如果有自己的一份事业或者是一份普普通通的工作，哪怕是没有荣华富贵，我们依然可以挺起腰板做人，也可以抵挡住外面世界许多眼花缭乱的诱惑。

没有一劳永逸，没有一步登天，我们可以有踏实做事，用来安身立命。

穷并不可怕，别人讥笑也不可怕，人最怕的是活得没有尊严。

人生之路，哪有什么捷径可走。

亦舒说："好姑娘，自己挣钱买花戴。"

强大自己，
不被生活为难

一路走来，朋友越来越少。在漫漫时光里，有的遗失在岔路口，还有的渐行渐远。

到了一定年纪，不愿再取悦他人，而愿花时间充实自己。

大抵每个人年轻时都遇到过困扰：你爱的人不爱你，你想要的生活遥不可及，生活的刁难总是如狼似虎。

遇到蛮不讲理的陌生人、遭遇突如其来的考验、忍受来路不明的攻击和恶意……此外，还有年年衰老的不安、日益沉重的经济负担、婚姻里令人头大的一地鸡毛……

于是我们常常陷入迷茫、孤独、挫败的状态。但是，这就是生活啊。

生活本身就不是只有岁月静好，我们之所以困于苦恼，有时候还是因为我们自己不够强大。如果我们不停地强大自己，生活就能在纷繁复杂的辛酸苦涩里硬生生地开出花来。

你抱怨工作环境太差，那就让自己的能力更强，早日换个更匹配自己能力的工作。

你抱怨薪水太低，那就不要放弃提升自己，别让自己一直被埋没。

你抱怨家庭生活不如意，但如果你足够耐心和坚定，也一定可以发现身边人的闪光点……

如果你想要更好的未来，就从当下开始努力。

你只需相信：你若盛开，清风自来。

不遗余力，爱你所爱

人们无休止地热切追求新奇的事物，永不满足，其实正是在心底储存欢乐时光。

我们的生命就是不断朝着自己的热爱以前进的姿态获得新生，我们总要学会找到一个你认为喜欢的事情，并且对于这份热爱要不遗余力。

虽然我们不知道未来会是怎样，但却一定要选择朴素地生活，对所有热爱的事情都要不遗余力。

一叶知秋，有人说秋天是黄色的，也有人说秋天是五彩的，其实我想说秋天是忧伤的色彩，一丝丝，淡淡的，不深也不浅，一切刚刚好。

很多故事，就像是一封年华失效的旧信函，信里行间，笔尖在纸张

上轻轻地摩擦，只言片语之间牵引了彼此心与心的零距离桥梁。

　　偶然的相遇其实都是命中注定的缘分，一个美丽的微笑，一个华丽的转身，在我们静默起伏的生命中，将外界所有的一切还原如初。

　　我们就这样，因为热爱而相识：世间所有的相遇，都是久别重逢。

　　感谢自己前半生不遗余力地生活，把很多条路走到极致。

　　对于已走通的路，已无遗憾；而对于走不通的路，换个方向，是再自然不过的事。

　　拼命努力奔跑的时候，空气里都会充满力量。

重负之下，也要嘴角上扬

有人说，厄运，好比上帝给凡人出的一道试题，意在测试其灵魂的温度和品质。

所以生活愈是往下，愈要嘴角上扬，打起精神，去奔赴一场人生的考验。

一个在重负之下成长的人，一个在挫折中成长的灵魂，才能温柔而坚定，才能自救亦渡人。

《肖申克的救赎》里的安迪，即使身处最低谷，依然嘴角含笑，对温暖的齐华坦尼荷小岛心怀憧憬。

生活需要多一点阳光，在平淡的日子里，去感受生活的暖意。

就像忙里偷闲，在工作间隙品一杯咖啡，或是在难得的周末，与好友来次小聚。即便是独处放空，那也是久违的自我放纵，从起点通往终点的人生旅途中，有宽敞通达的大道，也有崎岖黑暗的小路。

通达之处，沐浴在光芒之下，要常怀感恩。黑暗之时，更要带着心里的光，微笑前行。

愿你我，在认清生活的真相之后，依然目光温润，浅笑安然。

长得漂亮
不如活得漂亮

人生有很多事，你做了会后悔，不做也会后悔。

所以有时候，不妨做一做。

"好看的皮囊千篇一律，有趣的灵魂万里挑一"，容颜易逝，长得漂亮不如活得漂亮，活得漂亮，才叫漂亮。

女人活出自己漂亮的姿态，拥有自己满意充足的生活，并不是为某一天嫁给谁做准备，而是应该成为你的生活态度和生活方式。

可可香奈儿曾说，我的生活不曾取悦我，所以我创造了自己的生活。

活得洒脱优雅，让自己变得更优秀，有能力去拥抱自己喜欢的一切，享受生活，是一个女人应有的底气。

我们读过的书，走过的路，见过的人，甚至花过的钱，都是交给生活的学费，让自己学会得体和优雅，学会不因外界的评价而放弃对自己想要的目标的追求，学会不被年龄所困，担忧今天和明天。

而这些最后都会转化为自己不可替代的气质，长得漂亮不是你的本事，活得漂亮才是。

岁月不该是女人惧怕的敌人，无论身处哪一个年龄阶段，女人都要活出自己的精彩，过出精致生活。

一个女人最好的状态，是把目光放在自己身上，为自己而活。

自爱，沉稳，而后爱人。

人生如棋，
步步为营

　　每个人的人生都犹如一盘棋，有人赢了棋局赢了一生，有人却输得一塌糊涂。

　　一个成熟的人，不会因为一些小事争吵，因为他知道，每个人都会有自己的难处，多体谅一下对方，多理解一下对方。如果每个人都能做到这样，那就不会有那么多的伤感情的事情发生。

　　人世间的情，冷暖总会有。

　　人生这条路，难易都得走，不管结局如何，人生没有回头路，走错一步，也许就错了整个人生。

　　我们要选择属于自己的人生路，在这条路上不是我们每次的努力都会有收获的，但是我们每次的收获，都必须通过自己的努力，这是一个不可改变的事实。

　　所以不要羡慕那些成功的人，只要你努力过拼搏过即使达不到那样的高度，至少对你而言你是成功的。

　　人世间所谓的爱，就是当所有的外在条件都没有的时候，你仍然能珍惜对方。

　　人生是盘棋，输赢不定，想好自己的棋，走好人生路的每一步，演好自己的角色，健康地活着，真实地过着。

把闲暇时间
花在梦想上

想拥有马甲线，独处的时候就泡在健身房。想换更好的工作，独处的时候就把时间花在对业务能力的钻研上。想过得更丰盈，就把独处的时间用来学习各种新技能……你把独处的时间放在哪里，它就会回馈给你一个什么样的自己。

这个星球上，仿佛人人都有一份梦想清单。

所谓梦想，就像是那十米开外的东西，人们觊觎着它。

有人说：我从下个星期起就要开始健身了。

有人说：等我赚够了钱，我就要多陪陪家人了。

海子说：从明天起，我要做个幸福的人。

可是，永远不要听人们口头上的清单，不要以为他们一直念叨的，就是对他们最重要的。因为，构成一个人的实质，绝对是他的时间，而不是他的语言。

当他选择了如何填充他的时间，他就是选择了如何填充他的生命。

有太多人用想象中的自己，来定义真实的自己。

如果你没有花时间在喜欢的事情上，那你就不能说你喜欢它。

你真的读书了，你才是喜欢读书的人；你真的画画了，你才是喜欢画画的人；你真的享受旅行了，你才是喜欢旅行的人。

你花费的时间，才是你内心喜好的证明。你把时间花在哪，你就是什么样的人。

生活总有不如意的时候，闲暇时光中小小的乐趣，是平凡生活中的诗和远方，是让我们走得更远的力量。

永远不要觉得闲暇的时间太短，一秒钟的行动，就是一秒钟的真诚。

多花一点时间做自己，总能收获一个不一样的自己。

做自己的摆渡人

生活中，每个人都会陷入各种各样的困境，幸运的我们或许有亲人、朋友、爱人等陪我们走过一段段黑暗旅程。

但是想要穿越自己的人生荒原，就需要战胜自己的恐惧和懦弱。

真正的摆渡人，永远是你自己。

马丁这样说过："每一个强大的人，都曾咬着牙度过一段没人帮忙、没人支持、没人嘘寒问暖的日子。过去了，这就是你的成人礼，过不去求饶了，这就是你的无底洞。"

这个世界上，最懂你的人，只有你自己。

任凭你再三诉说，几番告白，哪怕是最亲密的爱人，也无法完完全全了解你的心。

你所说的话，所走的路，都遵从于自己的心，要敢于做出决断，并为自己的选择承担一切后果。

也许，一次错误的选择，就将此前所累积的财富损耗殆尽，或者让自己从"高处跌落到低处"，曾经的光环成为人人诟病的证据。

此时，怨天尤人吗？悔不当初吗？就算你再咬牙切齿，痛彻心扉，也无法改变残酷的现实。

但行好事，莫问前程。之前是怎样成功的，大不了重来一次，以前那条路走不通了，就勇敢地另辟蹊径。

每个人都希望遇到属于自己的"摆渡人"，风风雨雨中总有一人陪伴从此岸到彼岸。

然而命运如洪流，没有人能成为你永远的摆渡人，人生只有自渡才最踏实。

真正的摆渡人，永远是你自己。

　　愿亲爱的你，风和日丽时像个天真烂漫的孩子，
风雨来临时做个手中有伞的大人。

第三章 有趣的灵魂，胜过貌若芙蓉

善良 的灵魂，骨子里透出美

生活更多时候，呈现出的是一种杂乱的秩序。

人们行色匆匆，无暇顾及他人。木然，似乎成了一种常态。

也许善良并不是人生路上唯一的绿色通行证，但一个女人，若能存一颗善良的心，则心中的天堑会变成通途，枯萎的时光也将重生。

正如有人所说："拥有一颗善良的心，你就拥有了全世界。"

也只有善良的灵魂，才可匹配上世界上任何一种面孔。外貌定格不了一个人的美和丑，灵魂骨子里的美，才是真正的美。与人相处，不要用肉眼去盲目判断一个人的美和丑、好和坏，所有的盲目，都是很难得到真实答案的。

人生路漫漫，很多时候，我们都是活在自欺欺人里，时常被表象之美所欺骗，而忘了发现深藏于灵魂深处的美。

行走尘世间，用清澈的心灵，去捕捉真正的美丽。这美，便是我们的善良。

善良，会在小事中散发着光辉。

其实这每一件小事，我们都能做到。但也因为是小事，有时候我们很容易忽略它们。

做一个善良的人，做一个有爱心的人，其实不难。在力所能及的情况下去帮助别人，就是很有爱的事。

怀抱世界是美好的信念很重要，但更重要的是，用我们的行动，让一点一滴的爱，慢慢地在世间凝集。

善良，从来不会因为事情的大小而有丝毫不同。

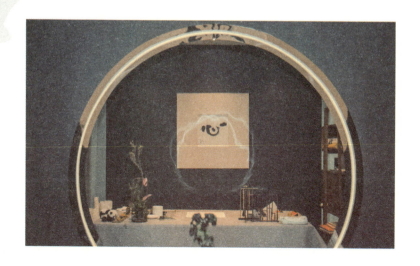

心怀美好，
终得美好

　　人生有时就是这样：心存恶意者，一点人性的恶就能令其报复社会。而心存善意者，经历恶毒，但只要还有一线光，就能站起来，再爱这个世界。

　　善良的人，才永远是命运的强者。相信美好，终得美好。

　　尽管苦涩难耐，也要勇于面对。你容得下形形色色的人，就是在内心深处，悦纳一个又一个自己。最后，看起来像是容下了别人，实际上，是给自己松了绑。

　　人生如花，如果每个人都是一朵花，那么，由于人各不同，有的花可能早开，有的花开得晚些，有的开得艳些，但不管如何，作为你自己，就要始终保持着"我是我，我就是要开花"的信念，用"我是我，别人是别人"的心态绽放自己。

　　不管世界如何变，你依旧是你；不管风霜如何摧残，你依然要绽放；不管黑暗多么漫长，你依旧心怀光明。不管遭遇多少欺骗，你依旧选择信任。

　　那么，你就是一朵美丽的花。

　　一朵即使经历人世沧桑，依旧愿意心怀美好的花。

悦
纳

大度，是坚定也是温柔

当你对他人多一点宽容，多一点大度，多一点体贴，多一点谅解，与此同时，你自己也会少一些忧愁，少一些烦恼，少一些郁闷，少一些闷闷不乐，少一些不快。

降低了耗气伤神的砝码，增加了健康快乐的基数，言外之意，善待他人益于己，即便是你不唱高调；也不说空话大话；权只当是为你个人的长远利益着想。

大度是一种胸怀，一种气质，是一种智慧的恩赐。

大度女人源自一份自信，这份自信在于一种淡雅，一种坚定，一种对人生对生活的目标追寻的从容。

大度女人在于生活的平静与生存的安宁，心态的与世无争。这种大度在于工作繁忙也不会愁眉苦脸；事情再艰巨也会用微笑淡然处之。

大度女人的言行有点大大咧咧。凡事不斤斤计较，把目光看得甚远，身上总洋溢着一股阳光的气息。

大度的女人不拘于小节，做事不拖泥带水；让人不必去提防什么，也不用担心会做错什么受到指责；她们会嫣然一笑取而代之。

大度的女人即使没有如花似玉的外表，也会受到大家的欢迎，也会让人觉得美丽可爱。

　　有谁会说宽容大度不也是一种美德呢？

我的使命，
是为爱而来

我们应当相信，每个人都是带着使命来到人间的。

有些人在属于自己的小世界里，守着简单的安稳与幸福，不惊不扰地过一生。

有些人在纷扰的世俗中，以华丽的姿态尽情地演绎一场场悲喜人生。

听别人的故事，尝自己的悲喜，有没有人懂，都不重要。重要的是，在路途中，我曾以我的方式，去到过你的世界。

而我的使命，便是为这世间的爱而来。

流年如水，各自为安，而那个愿以执念守护深情的，总是自己。

岁月静美，往事如风，我只想做一个如莲般安静寻常的女子。

宁愿一生的时光，都用来泡一壶茶，写一段字，记一段情。

从容处世心即安

常言道：人生不如意事十之八九，世上少有一帆风顺的人和事。

面对生活中的不如意与不顺利，持有什么样的心态，就决定了你拥有什么样的生活质量。

面对人生的起起伏伏，如果能有包容的心胸和积极的心态，从容处世，那么，你的生活，快乐一定会多于烦恼。

凡事顺其自然，就像瓜熟蒂落，就像水到渠成。人生太多的事与物，非强求所能成功。

世间诸事，皆天成之。

既然天成，纵然败之，何愧之有？

从容，是追求天性的境界。

它就像一个五味瓶，有酸、有甜、有苦、有辣，但只要你用心去品味，就会感悟到人生因为有了酸甜苦辣，才丰富多彩，才显得更有意义。

从容淡定是历经沧桑，阅尽浮华，洗尽躁动后的返璞归真，是一种源自内心深处的豁达与乐观。

心若有安处，走到哪里，都是风景，人生最曼妙的风景，就是内心的淡定与从容。

从容淡定是雅趣，是幽娴。掬一份从容，抱一份淡定，给心灵一份宁静，还生命一份轻松。

柔情满怀
慈悲待人

优雅智慧的人生，淡而有味，持久弥香。

优雅的德行涵养，是从心底升起一份淡淡的宁静，是美丽绚烂的智慧花朵。一个懂得欣赏花的人，必然会以感恩的心，智慧地看待一切。

我们应该把最真实、最纯朴、最柔情的慈悲与美感留给自己，才能以相同的柔情与慈悲的力量，去同情和怜悯他人的苦难。

一个人的成熟，在于他的思想。

成熟，是人生行为的一种态度，而不仅仅是停留在口头上的敷衍承诺，付诸行动的践行，哪怕是一个浅浅的微笑，亦胜过口头支票承诺的百倍。

人生经历了痛苦与挫折，才能使自己更好地觉悟与成长，痛就痛了，痛了，才能让你静下心来更清醒地反思自己，认识自己，冷静的同时也看清了别人。

败就败了，败了，站起来拍拍灰尘，不要以为人家有闲工夫来看你、在乎你摔。

静心品味人生，以智慧的双眼去发现人世间无处不在的善因缘与绚烂的美，哪怕是一闪即逝的一瞬，亦令生命增添了无穷的力量，得到幽香的熏染。

一个人的内心世界，蕴藏着无尽的慈悲，才有能力把慈悲带给别人。

有趣的灵魂
最高级

　　一个有趣的人，在一个无趣的氛围里，很难掀起什么盎然的浪花。

　　有趣的人千里难寻，有趣的灵魂万里挑一，故有趣之人弥足珍贵。

　　无趣的人，只是活着；有趣的人，才在生活。

　　有趣，也是一种能力，这种能力可以四两拨千斤，这种能力可以把一切人、事、物都讲得妙趣横生，这种能力源自强大的知识储备，源自丰富的人生阅历和强大的思考能力。

有趣是高级的智慧。只有对生命和生活有所参悟的人，才能成为一个有趣的人。

李银河说王小波是"世间一本最美好、最有趣、最好看的书"。

这样别致的赞美，只有有趣的人才说得出来。

两个有趣的人，生活在一起，油盐酱醋也能变得妙趣横生。

台湾作家三毛，在撒哈拉沙漠定居的日子里，面对黄沙漫天的恶劣环境，依然能够寻找到很多乐趣：

"用棺材板做靠背，用指甲油给人补牙，花很多钱专门去看沙漠的女人洗澡，在大漠中探险，寻找仙人掌和骆驼的骷髅头……"

有趣的人，在什么样的环境中，都能把日子过得精彩绝伦。

三毛为荷西做了一道"粉丝煮鸡汤"，荷西没吃过粉丝，便问这是什么？

三毛用筷子挑起一根粉丝，回答他："这个啊，是春天下的第一场雨，下在高山上，被一根一根冻住了，山胞扎好了背到山下来一束一束卖了换米酒喝，不容易买到哦。"

无趣的生活，常常遍布荆棘；而有趣的生活，在哪里都充满了诗意。

真正能让你显得高级的是有趣的灵魂，有趣的灵魂会让你闪闪发亮，让你充满吸引力。

愿你一腔赤子之心，
归来仍是少年

赤子之心人皆有之，可是随着年龄的增长，就会多一分顾虑少一分纯真，直至自己的赤子之心被世俗所淹没。

如果年龄大了，还能保留一丝赤子之心真是一件幸事。

人之所以长大后，烦恼增多，牵绊增多，无非是自己的心变了。想得越多越是畏首畏尾，越是瞻前顾后，越是前怕狼后怕虎。这些浮在人心表面的灰尘和杂质，往往掩盖了内心的真实。

为什么有的人做事不慌不忙，从容洒脱？为什么在他们眼里就没有那么多如果，想到即做到，看似鲁莽实则是一条最直接的捷径。

　　《三字经》说，人之初，性本善。这世上本没有坏人，他们只是在努力活着的时候，舍弃了"人之初"的善——那颗赤子之心。

　　由群居部落起源的人类文明，本该是一个整体。时间的轴线一刻不停地延伸，人类在越来越聪明的同时，也变得越来越独立。

　　"坦诚相见"这种事似乎已经过时了，看时下的人们往来，哪个不是防备又防备，让人看不清真假。

　　以己度人，自己有些小心思，便会觉得别人的目的也不纯洁。

　　防人之心不可无，这的确没什么不好，但比害人之心不可有更要紧的是，你本来所拥有的善良的心。

　　世界在不断地变化着，失去的山清水秀很难复得，我们有的只是眼下，还有我们自己。

　　别让人情世故带走了初心，那是丢了就找不到的珍宝。

不打扰，
是一种高级的善良

有些事，在你眼中看的可能是一种苦难，在别人的眼中也许正是幸福。

这种幸福，无关荣华富贵、无关名誉地位，有关的，只是一种心灵感应和默契。

平淡生活中的幸福感，来之不易，所以更需要被小心呵护。

有句话说得好：人活着，发自己的光就好，不要吹灭别人的灯。

不打扰别人的幸福，是一种高级的善良。

我们总是喜欢用自己的思维和想法，去热忱地建议别人，也许出发点的确是关心对方，并无恶意，但是错就错在以想当然地以自己的生活理念去衡量他人过得好不好，以自己的价值为标杆，力求别人按我们的意愿去生活。

其实，我们这么做只会打扰别人的幸福，打破他们原本平静的生活和平衡的心态。

你以为自己会一语惊醒梦中人，其实呢，要我说，鞋子合不合脚只有自己最清楚，如果自己觉得不开心，要改变现状自然会去改变，旁人说得再多都是瞎操心。

你我生活不同，不必互相打扰。很多时候，我们面对朋友的劝慰，心里都会冒出这样的话："你说的都对，但那只适合你。"

并不是什么事情只要披上"我是为你好"的大衣，就是善行。

重要的是，你是否真正了解过那个人的处境和感受。

吾之蜜糖，却可能是彼之砒霜，有的人喜欢冒险，追求刺激；有的人却喜欢安逸，这有什么对错？

幸福，本来就没有标准答案。

情绪是心魔，
我心如磐

人生在世，有太多的无可奈何，有人让你高兴，就会有人让你烦恼。

原谅不是软弱，而是宽容；退让不是无能，而是大度。就算遇到自己不喜欢的事，也要从容淡定一些。

没有什么比身体健康更重要，情绪经常大喜大悲，身体就容易出问题。

你要知道，事情和人可能暂时无法改变，但是情绪是自己选择的，对一个人或对一件事生气是很不值得的，生气会浪费自己更多的时间和精力，然而，那个让你生气的人和那件让你烦恼的事却始终没有得到解决，所以，别在不值得的人和没必要的事上生气。

有些人和事你放不下，

只能是庸人自扰。要记住，没有走不过的经历，只有走不出的自己。

人生除了生死都是小事，拥有一个好心态，莫让坏情绪毁了你。

情绪，就是心魔。当你决定不再在乎的时候，生活就好起来了。

有趣，
是一种修为

朱光潜说：我生平不怕呆人，也不怕聪明过度的人，只怕对着没有趣味的人。要勉强同他说应酬话，真是觉得苦也。

你对着有趣味的人，并不必多谈话，只是默然相对，心领神会，便可觉得朋友中间的无上至乐。

有趣是交朋友的标准之一，与人交往时，有趣的人总是更受欢迎。

梁实秋有一回过生日，邀请了一些朋友来家里小聚，宴后他请冰心在生日纪念册上题字。

冰心写下这样一段话：一个人应当像一朵花，不论男人或女人。花有色、香、味，人有才、情、趣，三者缺一，便不能做人家的一个好朋友。

林清玄说，有一回，我走在街上的时候，看到一个孩子喝饱了汽水，站在屋檐下嗳气，呃——长长的一声，我站在旁边简直看呆了，羡慕得要死掉，忍不住忧伤地自问道：什么时候我才能喝汽水喝到饱？什么时候才能喝汽水喝到嗳气？

后来，有一次林清玄去参加婚礼宴请，终于喝到了梦寐以求的汽水，喝到嗳气。

所以你看，在有趣的人看来，幸福很简单。

有趣就是无论生活顺风顺水还是焦头烂额，都要用心感受欢喜、感受温暖、感受爱。

被雨淋湿，不如就痛痛快快地奔跑一场；飞机延误，不如静静等待看一本好书；路上堵车，不如闭上眼睛听首老歌。

有趣的人能够在繁杂的生活之外，看到微小的喜悦和乐趣，活得深情款款、幸福满满。

余生不长，愿我们活成有趣的人，遇见有趣的事，过上有趣的生活。

第四章 高情志远，所遇皆是美好

生活，是细水长流的小确幸

小确幸是什么？

小确幸就是，微小而确实的幸福。

小确幸就是，流淌在生活中每个稍纵即逝的美好瞬间。

小确幸就是，购物时，你打算买的东西恰好降价了；排队时，你所在的队动得最快；电话响了，拿起电话发现是刚才想念的人……

这样的小确幸，虽然每天都会有机会发生，但是如果没有一个好的心境和善于发现的能力，那所有的一切都将会与你无缘。

生活中的小确幸，这才是人生真正的幸福。它看得见、摸得着，确确实实已经得到了。它也绝对不会像梦想那样遥不可及，总会带给人实实在在的幸福体验。

人生就是应当如此，每一天都要让自己开心快乐地生活，无论是压力山大的学习工作、还是琐碎无比的生活，在小确幸到来的那一刻似乎一切都可以化解，那种入心的喜悦，确实让我们可以品尝到人生之中幸福的滋味。

纵观人生，与其追寻"春风得意马蹄疾"的风光，不如细数让人觉得舒服且幸福的瞬间。

这些瞬间便是细水长流般的小确幸，岁月漫长，不如做个简单纯粹之人，可以没有惊世骇俗的大成就，但必有手到擒来的小确幸。

小确幸，被命运包装成小小的礼物，藏在生活中的角落里，等着人不经意地发现它们。

是非对错，
无悔经历一场

　　这世界，总是一拨人在日夜不停地奋斗，另一拨人轻松安稳地睡大觉，起床后才发现：世界都变了！

　　生活从来都是马不停蹄地向前走，时间不会为你而停留。

　　人，如果没有穿越过漫漫黑暗，没有经历过痛彻心扉的过往，永远不会明白看到星光时的喜悦，也自然不会懂得黎明的意义。

　　命运不会亏欠谁，苦的尝多了，才知道甜的味道。与其原地抱怨，不如艰难前行，哪怕稍有挪动，山重连接水复，柳暗铺垫花明。

　　每件事情，从心决定，我们的人生才能跟随自己的脚步，拥有的才是自己的人生，才能以充满热情的姿态面对生活。

　　生活不会太糟糕，决定也不一定都是对的，但却是我们前进的方向。

　　对的决定，坚信前方；错的决定，只不过让我们多看了一路风景。

　　是非对错，都会让我们明白：你所拥有的，是一场与众不同的人生。

你奋斗了，不必遗憾。

若是美好，叫作精彩。若是糟糕，叫作经历。

今天真正属于我

　　人生只有三天。活在昨天的人迷惑，活在明天的人等待，活在今天的人最踏实。

　　世上没有绝望的处境，只有对处境绝望的人。

　　此生，不为他人而生。此生，为自己而生。此生，为自己而活。此生，尽一切努力拼搏。此生，只为创造更多的奇迹。

　　昨天已经过去，无论怎么懊恼、怎样忧伤，都无济于事，时间不会倒流，光阴不会倒转。

　　明天尚未到来，无论怎样憧憬、怎样期待，最终能否如愿，还很渺茫，暂且还不属于你，而且还存在着许多变数。

　　昨天已成为历史，明天还是个未知数，只有今天最现实，只有今天才真正属于自己。

余生，淡淡就好

　　枝头那淡淡的嫩绿，是生命的象征，它是春天的使者，淡淡的一抹胜过喧嚣的姹紫。

　　淡淡的情谊，君子之交淡如水。淡一点的友谊很真，统统都已尽在不言之中，即便不多见，偶然一句："你好吗？"

　　淡淡的问候，包含了朴拙与默契。淡淡的问候就像发了芽的思念一样蔓延开来，一缕温情溢满你的心头。

　　淡淡的爱情，无须缠绵甜言，彼此之间就会懂得。

　　在闲暇的时光里，安静地品读一本书，来丰富自己的内心，淡看浮云飘散，如一缕清风吹过，轻轻地淡泊在静谧的心底。

最持久的幸福，是来自平庸的日子，来自平时日子里点点滴滴滴滴的感悟。爱情的美，不在于轰轰烈烈，而在于平时的相守，暖和的伴随。

　　余生，用淡淡的心过淡淡的日子。

　　淡淡的爱才会有幸福到白头。

现在此刻，是你最好的年龄

几岁是生命中最好的年龄呢？

是无忧无虑的童年，还是青春年华，或是坐着摇椅慢慢聊的老年。

似乎我们都在羡慕还未到来或者已经逝去的年龄。

其实，最好的年龄，就是现在。没有完美的人生，只有正当最好的年龄。

定义我们生活的数字，不是年龄，而是故事。

树的年龄被时间刻成了年轮植入树干，人的年龄则被时间刻在心里，形成了一段一段的线。每一段时间线都代表了我们的成长和经历，每一段都是一个故事。

我们的人生不是来完成时间表的，而更多的是为了来圆满自己。

只是这个过程，有人快一点，有人慢一点，但毫无疑问，今天的你已经比昨天更美更优秀。

年龄，应该是人生活时间的计量单位，而不是人生活意义的衡量尺度。

活在当下，就是最好的年龄。

听风听雨，
方知不如平淡

闲暇之际，沏上一壶茶，临窗在静静地听雨。此时沉浸在自己心造的听雨意境里，有种别样的滋味。

喜欢在静静的夜晚里去静静地听雨，心境的不同，听雨的感受也就各异。

这世间有太多的故事，花开花落，月缺月圆，只要为自己打开一扇心窗，就会有云淡风轻而入。

放下过程，腾空内心的世界，让美好走进心间。

生命中苦过，才知甜美；痛过，方懂珍惜；甜过，更知满足。

在历经沧桑后，你会发现，父母的康健，孩子的平安，生活的和和顺顺，这才是人生最重要最快乐的事情。

所有细碎的温暖，
都是星光

这些年，我的生活是暖色调的，这暖色跟我在日常生活中得到的这些细碎温暖是分不开的。

人活在世上，难免会有起起落落、风雨坎坷和各种无法预料的挫折磨难。

当我们身处逆境时，很容易意志消沉。这个时候，一句关爱的话，一个暖心的举动，可能就会唤醒信心，有了重新出发的勇气。

多年后，我开始明白世间万物皆有深浅的道理，可我却更知道了，无论远近，也不管大小，每一个星星，即使再细碎，也都能发出别致的、充满希望的光。

因为我知道，一个人拼尽全力叫渴望，一群人的拼尽全力就是希望。而把用生命闪着亮光的细碎小星星拼在一起，便是无可比拟的璀璨星河。

099

好心情
是一种素养

我们常常不是输给了别人，而是输给了自己的心情。

好心情，其实是一种素养。

不去抱怨，笑看花开是一种好心情，静看花落也是一种好境界。

人生无尽的悲欢离合，不过是不同的心路。有遇见，就有分别；有惊喜，就有遗憾。与其抱怨，不如祝愿。

不去失望，人一生的际遇，都不是偶然。命运其实就在我们心中，灿烂抑或愤懑，都是你内心的图景。你满怀希望，它就给你希望；你总是失望，它就给你失望。

不去追逐，刻意地想要得到，总是少了些恣意与洒脱。不去计较，走过的一生，都是故事。

人生真正需要准备的，不是昂贵的茶，而是喝茶的心情。

好心情其实是一种素养，不抱怨、不失望、不追逐、不计较。

一颗闲逸心，
所遇万物皆美好

　　"闲"字，古代人是怎样写的？繁体字写为"閒"，原来是在门里望见月亮，多美！

　　月亮，它被诗人别在衣襟上，被画家描绘在宣纸上，被女子纤纤玉手绣在素绢上。

　　作家董桥先生说："爱书爱纸的人等于迷恋天上的月。"

　　不同的人生阅历和磨砺，从书中领悟到的道理皆不相同，它夜夜自天空洒下盈盈光芒，铺满尘世的每一个空间，滋养你我心灵的角落。

　　约三两知己，去江畔寻梅，水边品茗，那是偷得浮生半日闲。

有人说，等我有钱了，也闲情逸致去，其实，闲逸之心只和灵魂有关，与金钱无关。

　　闲，原来是心灵的呼吸；忙，是心灵的死亡。

　　人有一颗闲逸之心，才有人生最美的化境。

　　我们有多少日子，没有细细聆听春之鸟鸣、夏之蝉声、秋之虫声、冬之雪声？

　　繁忙的生活中，记得时常抬头望望天上的月亮。

　　因为，望得见月亮的一双眼睛，才看得见世间一切的美好，看得见碧水初生、落英缤纷、云淡风轻、莺飞草长……

成年人，请享受独处

很少有人能意识到，独处才是成年人最好的奢侈品。

很是享受一个人的时光，静若安然，随钟摆的嘀嗒行走在心情的花园。

一个人的世界无须有人能懂，心情愉悦则笑颜如花，郁闷的世界里让温润的雨滴冲刷。

　　不想走进别人的世界，也不想让别人走进我的世界，守一份美好的回忆，开在静寂的角落，让遐思随心潮荡漾美好。

　　独处，是淡雅的清香，一个人的世界也很美好。

　　不想打扰，不忍打扰。

　　林语堂说，孤独两个字拆开，有孩童，有瓜果，有小犬，有蚊蝇，足以撑起一个盛夏傍晚的巷子口，人情味十足。

　　成年人的独处，是纷繁热闹过后的平静，是喧嚣名利过后的真心，是人生自有诗意的笃定。

　　愿你享受独处，拥抱这难得的独处时光。

拥有的
都值得 *感恩*

当太阳一直都在，就忘了它给的光亮。

当亲人一直都在，就会忘了他们给的温暖。

在现实生活中，我们往往忽视了自己已有的，认为他们理所当然，对于自己没有的，又会抱怨命运的不公，仿佛这个世界欠我们很多。

其实，感恩也可以是一种积极的生活态度。

要感激那些伤害你的人，因为他们磨炼了你的意志。

感激那些欺骗你的人，因为他们丰富了你的经验。

感激那些轻视你的人，因为他们觉醒了你的自尊。

海子曾说：你来人间一趟，总要看看太阳，努力生活，付出总有回报。山有峰巅，海有彼岸；漫漫长途，终有回转；余味苦涩，终有回甘。

常怀着一颗感恩的心，感谢命运，感激一切使你成熟的人，感恩周围的一切。

努力的意义，就是，以后的日子里，放眼望去，全部都是自己喜欢的人和事。

生命是旅行，
不是赛跑

人生有很多事，你做了会后悔，不做也会后悔。所以有时候，不妨做一做。

童年时念念不忘的发卡，长大后却早已不适合别在你的长发间。

人生短短几十年，你的每一个"想要"，都很难得。

所以，请记得，把生命活成一场旅行，而不是一场赛跑。

你不必紧盯目标，心无旁骛，沿着一条道路直奔终点。

你不必活成一尊漂亮的雕塑，非要把看起来多余的东西砍掉，经历过分的打磨，活成别人的榜样。

要知道，人生无完满，缺憾亦是美，优雅的人生，是阅尽世事的坦然，是沧桑饱尝的睿智，是过尽千帆的淡泊。

不是每一粒种子都能长成大树，每一朵花都能结出果实。不是每一份感情都能完满，每一个家庭都能幸福美满，不是每一个理想都能实现。面对这些遗憾，最好的做法就是顺其自然，不再用力争取，苦苦纠缠。

在这个世界上，没有一棵树是丑陋的，没有一朵花是多余的，没有一只小鸟是不值得爱的。

所以，你不必活得太正确，你也不必强迫自己太累。

恣意生活，别忧伤

　　人生多磨难，要为自己鼓掌，别让犹豫阻滞了脚步，别让忧伤苍白了心灵。

　　愿此生：懂得尊重别人，也尊重自己的心声，学会调整，遇见困难了，多想想，没什么大不了；遇见喜事了，也别太放在心上，因为那只是一瞬间。

　　懂得，一生中，名利只是过眼云烟，拥有再多，不如有份好心情。

　　愿此生：忘记该忘记的，记住该记住的，善于遗忘，善于珍藏。

这世界上，没有谁可以重复谁，没有哪一个故事可以真正重复昨天的故事，不给心灵增加重负，宽容和善良是快乐的良方。

愿此生多读书，多运动，让自己的心灵充实而睿智。

人生需要多彩，别让无聊占据心灵，前行的路上，靠谁不如靠自己，我们需要的是真真实实的幸福与温暖。

愿此生：努力工作，快乐生活，爱家庭，爱孩子，快乐一切可以快乐的。

生命原本就是一个追寻的过程，学会担当，学会原谅，悠然前行。

愿此生：不张扬，不虚伪，平和而温暖，用豁达衬托高贵。

做不到超凡脱俗，就让心住到红尘的边上，一半品人间沧桑，一半听宫阙仙音，许自己一个春暖花开，时时刻刻让心明媚。

第五章 世事洞明，我有我的哲学经

不管世界如何变，做你自己

　　女人的美，有千万种，但是真正拥有自己独到的处世哲学和价值观，不受外界负面思想和传统观念所左右，有可以承载自身价值的事业与精神追求，活得自信淡然，泰然处事的女人，却特别的少。

　　这类女人，优雅来得不费吹灰之力，仿佛这是她们一门与生俱来的技艺，浑然天成。

　　那份优雅，来自发现自己完善自己，和坚持自己。那是一种无论世界如何变，都不会受外界影响的自信和淡定。

　　但是很多人会在物欲横流，审美日新月异的当下，迷失了自己的内心。于是优雅成了清一色的锥子脸大眼睛；优雅成了自拍照里怎么都摆脱不了的嘟嘟嘴和无辜眼神；优雅变成了微信圈里流行的书籍封面和旅行摆拍；优雅成了咖啡馆红酒杯的代名词……

　　这些跟随潮流的表象，只能显露我们内心的怯弱和肤浅，真正优雅的女人，她们的底气从来不需要这些来支撑。

　　女人的美丽不止一刻，心动不止一面。

　　一个优雅的女人必定是有自己独特的风格，而这种风格往往会让人过目不忘，留下深刻的印象。就好比万花丛，你不必羡慕娇艳似火的玫瑰，也不必羡慕寒霜傲骨的腊梅，更不必为自己不是出淤泥而不染的清莲而自卑。任何一朵花都有自己的风采，都有独属自己的味道。

　　就好比那些古朴小镇，为什么会有那么多人为它们着迷呢？当你穿过城市林立的高楼大厦，站在灰瓦白墙的小院门口时，一定会被这种古朴天然的风格深深地震撼了。那是一种旷世久远，遗世独立的美。

　　虽然这些老房子小街巷不如城市崭新、干净和便利，但是它保留了一份与当地风情相融的韵味，它承认自己的古旧，并且坚持了这份特别，形成了自己独特的美。

　　如果硬是在这个古镇上安个当下流行的现代风建筑，修个欧式大喷泉，再整个花园，那是种什么感觉？非但没有美感，反而丢掉了原本属于它的风韵。

　　这恰如一个女人的优雅和美丽，只有做到不受外界影响时，她的美才是独立的、不可复制的。我们无须去模仿他人，也不用追逐时下流行风尚和审美偏好，而是在接纳自己原本模样的基础上，挖掘和完善属于自己的那一份优雅。

　　就跟这房子一样，不管建筑界流行怎样的风格，不管世人的审美偏好如何，它都没有迷失在这种变动中，而是坚持做最好的自己。

　　好莱坞的很多美女明星，她们都有各自独特的美丽，或古典高贵、或野性魅惑、或烂漫无邪，她们的美，有如一杯醇酒，几十年后品尝起来，依然香飘满室，久而不散……

那是因为，她们并没有因为时下流行的审美而改变自己，去垫高鼻梁，开大眼角，或者瘦成闪电，她们发现了属于自己的那一份特别，并且在这嘈杂的世界中坚持了这种特别，最终形成属于自己的优雅之风。

如果你是个性格恬静，面目清淡的女子，那就不要勉强自己开朗外向，强求那一份热烈奔放的瑰丽；如果你是个爽朗大方好动的女子，那就不要束缚自己的笑脸，把浓郁的颜色掩藏起来。我们能做好的，不是世俗标准里面的优雅女子，而是最真实，最完善，最独特的自己。

造物主是公平的，作为女人，一定有她独特美丽的一面，没有一个女人是不值得称赞的。有的女人眼睛是她的灵魂，她可以用她的眼睛说话；有的女人拥有吹弹可破的皮肤，洁净纯美；有的女人一头秀发让人无不为之倾倒。即使你的外表没有一样可以让你傲视群芳的，但是，你别忘记，你还有微笑，"一笑倾人城，再笑倾人国"，冷若冰霜的美貌怎么能够比得上一个真诚、愉快的微笑呢？

也许将来我们会面对很多的困难，也许生活会遭遇一些意想不到的变故，也许我们的容貌体态会日渐衰老走形，也许我们会遭受很多人的质疑和打击，但是无论如何，请保持自己内心的那颗名叫优雅的种子，那是我们对抗这个善变的世界最有力的武器。

其实，你不需要完美

我们曾穿着盔甲而拒绝一切深度的亲密。

藏着心事，因为无处可依，无处可栖。

我想要完美，才发现我永远不可能完美。

我终于不再追求完美，是发现我根本不需要完美。

原来我们要做的，从来不是抓住手上的工作，不是逼自己懂事或体面，我们要做的就是接纳自己的全部，包括不完美。

一个完美的人，在某种意义上说，是个可怜的人。

他永远也无法体会有所追求、有所希冀的感觉，他永远也无法体会爱他的人带给他某些他一直求而不得的东西时的喜悦。

　　一个有勇气放弃无法实现的梦想的人是完整的人；一个能坚强地面对失去亲人的悲痛的人是完整的人——因为他们经历了最坏的遭遇，却成功地抵御了这种冲击。

　　不会因为一个错误而成为不合格的人。生命是一场球赛，最好的球队也有丢分的记录，最差的球队也有辉煌的一天。我们的目标是尽可能让自己得到的多于失去的。

　　当我们接受人的不完美时，当我们能为生命的继续运转而心存感激时，我们就能成就完整。

　　如果我们能勇敢去爱、去原谅，为别人的幸福而慷慨地表达我们的欣慰，那么，我们就能得到别的生命不曾获得的圆满。

走上坡路，
有更美的风景

挪威人有一个有趣的传统。渔民在深海之中，发现大量沙丁鱼，捕捞起来，准备上岸卖个好价。但是，从深海返航，需要漫长的时日。许多沙丁鱼还没等到上岸，都已经死了。

后来，有人想出绝招——

在沙丁鱼槽中，放入它们的天敌：鲇鱼。当鲇鱼进入鱼群，每只沙丁鱼都压力很大，拼命游动，生命力爆发，活力四射，直到上岸都依然活蹦乱跳。

这就是鲇鱼效应。

在强压面前，人的战斗模式才会被激活，技能才会快速升级，敌人才会一个接一个被完败。

安乐令人退化，忧患令人强大。走上坡路时，费力，沿途可能会有荆棘阻拦。你会口喘粗气，流汗缺水，腿脚刺破，身体疲惫。然而，你的视野会越来越宽、越来越广，每前进一步，你都会看到更美的景色。

走平坦路时，舒适，不会感到太多的压力。然而，你的视角只能停留在一个水平线上，领略不到"远近高低各不同"的别样风光。

不同的人，路总是不同的。这个世界上没有任何两个人的人生是一样的，但却有着相同的走向和趋势。

　　生活也许没有人去逼迫你成长，更没有人能够严厉地指出你的缺点和不足，你选择了安逸和舒适，但是往往容易走的路都是下坡路。

　　选择了安逸，自然就远离了梦想。

几何人生里的哲学

越长大，我们就越无法发现，任意几门学问之间都是相通的，都有必然的联系。

如，我们每一个人都是一个点，经过这一个点，作一条直线，就是我们的人生轨迹。

然而，直线可以向两边无限延伸，人却不能，从起点到终点，人生只能一条线段。

我们无法抗拒人生线段终点的出现，但我们却可以努力，期待在终点之后我们的生命能够继续延伸，青史留名。

在同一个平面上，有无数条直线相交，也有无数条直线永不相交，保持平行。

相交的直线在相交前不断靠近，在拥有了共同一点之后，却要彼此远离，并且越走越远，永不再见。

曾经拥有的总会失去，看着渐行渐远的背影，无奈、失落、叹息之后，要学会放手和忘记。

平行的直线，彼此平行，不会靠近，也不会远离。

在经历无数次伤别离之后，才发现距离才是世界美妙之所在。没有了距离，碰撞就是必然。

人生几何，几何人生。

残缺美中，
留得残荷听雨声

人有悲欢离合，月有阴晴圆缺，此事古难全。

残缺和圆满相辅相成，是无法回避的一个意象。

我们都想要完美，却从没思考过，真正意义上的完美是否存在。

如果你为了将一件事做到极致完美，而花尽力气牺牲其他。即使你真的完成了所谓"完美"，但这真的是你想要的吗？你是为了做这件事而做，还是为了做一件"完美"的事而做。在过程中，或许你迷失了原来的方向，忘记了根本的目的。

完美，是那么的可望而不可即。大自然中有完美的存在吗？

弯月之所以美丽，是我们对满月的想象让我们觉得眼前的弯月是那么富有诗意和希望，从弯月中，我们透过现在看到了未来。

《小王子》里曾经说过：沙漠之所以美丽是因为在某处藏着一口井。

弯月之所以美好，是因为我们存有一个满月的期待。

闭上双眼，
能看到希望

失望和希望也在一线之间，闭上双眼，看清楚自己。

在你的前方也种上一棵以前你从不在意的树吧，同时别忘记把一些希望也撒入土中。这样的一棵有了希望的树，在你到达时才会结出属于你的果实。

那就多种些如此的树吧，远远望着，你知道，它们都是善良的指引，你不会再轻易地迷失方向。

有些时候，我们过多地局限了自我，生命过往，何处不迷茫？人生向前，何处不感伤，生命是一场全力以赴的解读和善待。

生活越接近平淡，内心越接近绚烂。

这种内心的绚烂，不张扬、不过分、不形式主义。宛如经历了世事的智者，也终于领悟到，太过用力太过张扬的东西，一定是虚张声势的。

而内心的安宁才是真正的安宁，它更干净、更纯粹、更饱满。

轻轻闭上你的眼睛，感觉烦恼少些了吧，闻到清香了吧，听到天籁了吧。

笑对生命中的断舍离

现在已经有越来越多的人认识到，生活的快乐，其实并不在于我们拥有多少东西，甚至有时候，我们拥有的越多，可能越不幸福。

因为当我们的世界被越来越多的东西填满时，就会分不清哪些是自己真正需要的，哪些只是华而不实的装饰品，哪些只会让自己耗尽心力去维护和保持，丝毫不能给自己带来益处。

不为物质所累的女人，懂得淡泊人生的道理，就好比沉浸在静默的大海中，平和地寻找简单和纯美，在淡漠中感悟深情，为了更好的自己，她们会果断地放弃一些包袱，让自己更从容地面对生活，轻装上阵。

所谓的断舍离是这样的：断，就是让我们的生活入口狭窄；舍，就是让我们的生活出口宽广；离，就是通过断和舍，来脱离对物品的执着。断舍离的终极目的，是让我们的生活充满能量，流动不停滞。

一个优雅的女人，会熟练运用这种生活的智慧，重新定义物品和自身的联系，进行有效的整合资源，构建自我的世界，让自己所处的环境，井然有序，观照本心，形成对自己生命的俯瞰力，达到驾驭简约人生的境界。

舍弃在另外一种意义上就是得到，是一种智慧的生活态度。比如一些漂亮但不合适的衣服要扔掉，一些美丽但是伤己的感情要放弃，一些不爱自己的人，要忘掉。只有做到笑对生命中的断舍离，才能从容驾驭我们的人生。

行美路上，
音乐相伴

音乐是我独处时的伴侣，我知道，没有比音乐更懂我的了。

尤其是出差的晚上，把疲惫的身体扔在异乡酒店的大床上，脑袋空空，耳边萦绕着舒缓的轻音乐，一时不知身在何处，整个人仿佛飘在云上，浩瀚苍穹，唯我独尊。我不知道要有怎样神奇的创造力，才发明得出音乐这个迷人的东西，它真的拯救了银河系。

你不要不相信，音乐和人的气质关系蛮大的。音乐是人类的第二语言，它与人类的互通其实是无声的，但是，是润物细无声的那个无声！好的音乐会在潜移默化中陶冶你的情操，因为它会在你耳朵听的过程中，使你的心静下来，使你的思想游离，从而进入放松状态，这是俗世中人最需要的一种无人之境，但非音乐不可得。至于一些人说的音乐需要我们用灵魂去感悟，去和作曲家的灵魂沟通等，我觉得离我们一般人还是有点遥远。除非对音乐有着天生的热情，或者极大的好奇，才会真的拿很多时间去领悟来自音乐深处的真谛。而大部分女人选择音乐，是为了给自己的情绪配乐，或是为了给孤寂寻一个伴侣，也或者单纯为了耳朵的享受。在音乐里，每个女人都是暂时脱离尘烟的，如同少女时代的纯真梦幻，周遭缥缈得空无一物，所有的苦、痛、怨、憎，连同欢喜一起，通通消失了，只剩下自由的灵魂与身体对话。

因为作为女人，总有些心事无人诉说，不管是亲密的爱人，还是情深的朋友，有些话，终究说不出口。但是，总要找一个情绪的出口吧，那音乐就是最好的选择。一个人的时候，给自己配点乐，旋律一经触碰，如情绪的节点被拨弄，情绪大戏立时上演，或哭或笑，或怨或怒，一一倾泻而出，心里瞬间豁朗。这时候，音乐是最知心也最忠诚的朋友，它放任你，包裹你，给你心灵的抚慰。女人在如此发泄一番后，情绪会得到缓解，虽然心事不会就这么过去，但心情轻松了很多无疑，而最重要的是整个过程无害又诗意。相对于另外一些女人呢？她们可能觉得音乐只是空洞的浪漫，把心事交给音乐，还不如找个活人倾诉呢，至少有个回应啊，于是就有了怨妇般的喋喋不休、声泪俱下……当然，如此一来，说好的气质和形象呢，瞬间土崩瓦解了。最可怕的是，说不定还给倾诉对象留下了心理阴影，因为没有人喜欢别人带给自己负面情绪。

　　女人和音乐，在特质上有着某种契合。女人的声音轻柔、和缓、圆润，本身就是一曲动人的音乐，所以女人的音乐细胞应该比男人更多，这是上天的恩赐，不喜欢音乐似乎也说不过去。对于女人来说，不管你懂不懂音乐，都尽可以选择倾听音乐来沉淀心情，它会令你少了烦躁，多了理性，并变得淡然。更神奇的是，受音乐陶冶日久，你还会发现自己的气质里多了一种灵动，真是妙不可言。

释怀，
是一种自我成全

太宰治在《人间失格》中写道：在所谓"人世间"摸爬滚打至今，我唯一愿意视为真理的，就只有这一句话，一切都会过去的。

人生，哪能事事如意，生活，哪能样样顺心。只有学会释怀，才能拥有快乐。

凡是过往，皆为序章。生活不会永远顺风顺水。

把一切看淡了，心才会释然。

放下别人，也放过自己，看淡得失，自然就会幸福快乐很多。

我们每个人都把自己活成了"明星"，都是在为"观众"而活。

我们总是互相羡慕，然而真的没有谁活得特别轻易，只是有人在呼天喊地，有人在静默坚守。

人只能活一次，所以千万别活得太累。

活得自在一点，活得洒脱一点。

拥抱我们内心的小女孩

　　每个女人内心，都住着一个小女孩，不管她是职场上叱咤风云的女强人，还是白发苍苍的老母亲，或者历经沧桑的中年妇女，这个小女孩从来都不曾因为年岁的增长而消失。她是女人们偶尔流露的那烂漫一笑；是不经意间撩发的一缕柔情；是慢声细语中的一份旖旎；是果敢利落时，金属外壳上的一抹阳光。

　　保持这样的少女之心，是我们女性优雅得以滋润的秘密。

　　我们印象中，女性之美在于窈窕美丽、温柔善良、优雅知性，所以文人经常用柔情似水、婉然从物这样的词汇来形容女子之可爱。然而生活中我却们经常看到这样的一些女人，她们丢失了女性这种天然之美。这类人看起来面部被岁月刻画出僵硬的曲线，目光或犀利或哀愁。不论高矮胖瘦，年长年少，她们的言辞总是犀利尖锐，行为鲁莽冲动，总是一副生活的恶意难以承受的悲苦模样。这样的女性，朋友不愿接近，恋人渐行渐远，孩子避之不及。

那是因为，女人内心的那个小女孩被压制，被束缚，甚至被伤害了。只有我们去原谅、连接、拥抱、欣赏和感激这个小女孩时，才能灌溉那片优雅之田，不至于枯竭。

我很喜欢卡伯的一句名言：您可以穿不起香奈尔，您也可以没有多少衣服供选择，但永远别忘记一件最重要的衣服，这件衣服叫自我。

在这里，我把这个自我认为就是我们内心的那个小女孩。我们一味的装饰自己，充实自己，强大自己，却很少记得，去拥抱和温暖内心的这个自我。

当我们觉得很累很疲乏时，不妨放慢脚步，寻一个独处的时间，停止向外寻求爱，学习倾听我们内心那个小女孩的声音。

请不要为自己的脆弱、敏感和自卑而害羞，更不要因此而自责。

允许自己为一件也许别人看来不以为然的小事哭泣，但是别忘了给自己倒一杯热水；偶尔奖励一下自己，不管是美食还是电影，抑或一场温柔的SPA，让疲劳得以释放；假如你的小女孩经常失眠，不快乐，请原谅她，接纳她，她已经很努力，很辛苦，不要再去谴责她；忘掉那些无时无刻不在的压力和苛责，让心栖息一会，再抖擞精神，背起行囊，继续这漫漫征途……

好心态，好命运

一个女人有什么样的心态，就会有什么样的命运。

良好的心态就像一面镜子，它展现了女人美好的心灵。绝大多数女人在面对"你一生最想要的是什么？"这个问题时，都会毫不犹豫地回答"幸福"！是的，一个幸福的女人会拥有健康的身体、美满的婚姻、成功的事业、亲密的朋友、快乐的生活……

而善良、平和、坚强、独立、宽容、从容的好心态，能让女人快乐一生、幸福一生。

我们的心态才是自己真正的主人，换言之，女人拥有什么样的心态，就有什么样的人生。积极乐观的心态是一个优雅的女人家庭幸福、事业成功的根本，是她展露笑靥的源泉。

罗丹说过："生活中不是缺少美，而是缺少发现美的眼睛。"生活中处处存在着美。家里面井然有序，窗明几净，各种家什摆放错落有致，这是一种整洁的美；端庄秀丽，静谧可人，这是一种沉静的美；落落大方，清新自然，这是一种自信的美；平和洒脱，超然物外，这是一种闲适的美；粗犷豪放，不拘小节，这是一种大气的美。

美好的东西随处可见，但是很多时候我们却感觉不到，是因为我们时常视它们为理所当然，而不是重视，不知道感谢，不懂得欣赏。

拥有好心态的女人总是心存感激。而爱抱怨的女人把精力都集中在生活的不满之上，幸福的女人把注意力集中在能令她们开心的事情上，所以她们能更多地感受到生命中美好的一面。

承认自己是一个普通人

　　东野圭吾的《梦幻花》里面，男主角说过这样一段话，大致意思是，无论自己怎么努力，都没办法跟天生有才华的人相比。所以他羡慕那些天赋异禀的孩子，最终这个男孩子为了追求音乐创作上的突破，不惜以身试法，最终走向末路。

现实当中并不会每个人都这么极端，但是，我们多半，在心里，都曾经觉得自己跟别人不太一样。那种特别感在小时候不敢表现出来，在长大后又无法表现出来，到真正认识到自己不过是一个普通人时，已经过去几十年。

　　作为一女人，我们更加渴望自己是特别的，不同凡响的。我们希望在人群当中，我们的美是个性的；在工作当中，我们的能力是出众的；在爱人眼里，我们是独一无二的。待到时间褪去年幼时的幻想，一切回归现实时，才知道自己的种种喜怒哀乐、悲欢离合，不过是大千世界里最普通的常态。

　　那股骄傲被狠狠地摔到地上，疼得龇牙咧嘴。

　　可是，这世上，并非每个人都可以成为传奇，但是每一个努力的女人都能当学霸啊。

　　当我们只有普通人资质的时候，去追求成为人类历史上极少数的那一部分，只不过是给自己徒增烦恼。只有尽早认识到自己的平凡与不足，然后才能在我们能做到的、擅长的领域里去做到最好。

　　我们是不完美的，正因为这种不完美，才是真正的自己，也正是接受了自己是一个普通人的现实，才能活得坦荡真实呀。就好比化妆，最高的境界，不是让我们换了一个人，而是呈现出最好的自己来。

　　承认自己是一个普通人，也是需要很多勇气的，当我们真正释然于自己的平庸和普通时，我们就获得了生活的智慧。

让自己成为那一道风景

有人说"优雅的女人就是一道风景"，"优雅的女人就是时尚的宠儿"。

一个"亭亭玉立"的女人，就能给人无限遐想。让我们想到

如荷般高洁、如梅朵般骄傲。当一个女人没有开口说话的时候，站姿便表现了她内在的所有精神。这是一切仪态之首，优美的站姿会让你在众多人之间立马见高下。

有人羡慕女明星的美貌，认为她们魅力在于长相，且拥有魔鬼身材。

但美国科学家做了最新的试验：把各种类型的女性头部遮住，让她们走动并做出各种姿势，最后才露出头部让观众给她们评分。

试验结果表明，如果某个女性相貌和身材都不错，但举手投足不优美，魅力指数会大打折扣。反而身材相貌一般，但姿态很优美的女性则赢得较高的分数。这个试验表明：女性举手投足的风度比完美身材更重要！

人际交往心理学上常常提到两种语言，一种是我们用嘴发出的语言，还有一种就是肢体语言。一个人的外在的肢体语言很大程度上可以展现出一个人的性格、气质和当下的心理活动。但是正因为这样，所以才更要学习正确的、更优美的姿势，来给自己的人际加分。

一个漂亮的女人除了她的脸蛋和身材，她的抬手举足之间会直接反应这个女人的内在修养和气质。假如有很美的外在，但是你的姿势让人咂舌，这是一件多么令人尴尬的事情。

所以，越是爱漂亮的女人，越要学会这些正确优雅的姿势。

美丽是时尚与传统的结合

每个女人都希望自己美，而中国女人应该展现出怎样的美？

我认为东方女性的美应该是既不失时尚，也不丢传统，从容又别致，是一种内敛的含蓄美。

一个精致、优雅的女人必须要将魅力和智慧融为一体，而一个精致、优雅的中国女人就必须将西方艺术的时尚和东方传统文化之美相结合，从而展现出一个沉淀千年的东方神韵之美。

女人如花，仅仅是时尚和美感而已，花和时尚永远会在时间的流逝中更迭。而女人如画才是美丽经久不衰的路途。每个女人人生的开始都是一张白纸，我们随着成长慢慢开始在白纸上素描、构图、添加色彩，最后增加内容，放进自己的故事，加上岁月的经久提炼，成就我们的美。

而这种美就是我们个人的成长，对学习、美，对品位的追求，最终在灵魂深处发掘出属于自己独有的味道，这就是你的美，像一幅价值不菲的画，一本经久耐品的书。任何人在看到你的第一眼都不会在意你的年龄，或者岁月在你身上停留的痕迹，只会沉醉在你灵魂所散发的美当中。

当你真正端正心态去学习，去用自己的心和眼看待这个世界，你所感知到的所有东西都会成为定格的美。美能生慧，智慧就这样在无形当中浮现而出，你就会向美丽女人更进一步。

让别人舒服是一种教养

有时候，你并不能准确说出一个人具体的优点，但是跟他相处却特别舒服，这种说不出的舒服也是优雅的一种。

现在很多女性在人际交往上做得比男性更出色，不管是工作还是生活中，能做到说话做事"让别人舒服"的女人，可能会有一些别人认为的缺点，比如：感性、矫情、敏感、玻璃心。

而正是这些女人多半会有的"缺点"，让女人的心思特别细腻，情感体验能力很强，这也使得她们更有能力做到换位思考、以旁观者的角度来审视自己的言行。

优雅的女人大多深谙其道，她的话都会注意到不伤及任何一个人，更不会让周围的任何一个人感觉不舒服。即使跟一群人聚餐，她也能照顾到所有的人，无论男女老少都感觉舒服，这是何等的修养。

如何做一个让别人舒服的人，不仅是赢得认可和朋友的利器，更是我们自身教养的一种体现。

人天性是自私的，所以在平时生活中我们要特别注意这点，做任何事情的时候都能想到下一个人。有时候并不是大家的公共素养不够，而是习惯了生活随意，这种时候我们需要时刻提醒自己。

这是一个任何人都可以成为我们老师的神奇时代，只要我们有一颗谦卑的心，什么人都会有自己擅长的一点，哪怕是环卫工人，他也可以教会你怎么把地面打扫得更干净。

那些让人舒服的人，有时候并不是他们多么强大，而是他们的心态决定了这种气场，就好像有些人很谦虚，与他们交谈是一件快乐的事情；而有些人则很傲慢，让我们再也不想见他们第二面。

其实真正能称得上"成功人士"的，都是一些亲切、谦虚的人。越是有成就的人越能倾听别人的故事，待人如朋友或同事一样亲切；那些还没获得成功，或者难以称得上"成功人士"的人，往往对人的态度都很傲慢，经常无视他人。无论谁与这种人共事都会感到痛苦。

　　不管做什么事情，要想获得好的结果就要付出相应的代价。在社会生活中我们要想成功，必须学会谦虚，某种意义上来说，这也是我们付出的代价。但我们可以看到，谦虚具有很高的投资价值，它是一种"投资小，收益大"的资产。因为谦虚的态度让人感到舒服，让别人对你敞开胸怀。

有气质的女人有情趣懂风情

　　和闺蜜一起去练瑜伽，半路上，女人接了老公的电话。对方只是随口说今晚没有应酬，会按时下班，女人就兴奋地说，我现在正无聊呢，我开车来接你回家吧。挂了电话，一双大眼睛忽闪忽闪，无辜地看着我。

我说几十岁的人了，要不要这么重色轻友啊？女人说，老公忙了好一阵子了，两个人每天晚上只有匆匆说两句话的时间。我说今天晚上可以说个够啊，干吗还屁颠屁颠跑去接呢？人家就开始斜着眼睛瞪我了，这叫情趣好不好？男人这段时间这么累，接他一下不应该吗？而且我也想早点看到他啊，我相信他也一样。我看着她的痴情状，一时竟无言以对。

闺蜜也是奔四的人了，可你看看，像不像个傻气的小姑娘？可我怎么觉得这么可爱呢？也许，只是看到了不为人知的自己。虽然两个孩子都大了，我的光辉的母亲形象在他们面前也算得上有模有样，可是一到老公那里，少女心就会爆棚。各种撒娇、嗔怒、讨欢心，真是谄媚得有点低俗了。可是，享受着老公宠爱的眼神，怎么觉得那么幸福呢？我无法想象，对于一个女人来说，如果她在家里家外同一副表情同一种腔调同一个姿态，会不会被生活闷死。我甚至在写字楼里听到过打扫卫生的阿姨对着电话跟老公卖萌，那一刻，真想上去拥抱她，并告诉她你很女人！我觉得只要不是矫揉造作的作秀，任何一位女性在展现出小女人姿态的时候都会让人不禁莞尔。我也相信，一个有情趣、懂风情的女人，更容易得到他人的宠爱，因为它能触碰到人们心中最柔软的地方。

据我观察，那些善于在小我世界里制造情趣的人，在外面更能运筹帷幄，我说了，因为她懂得审时度势，能通人情世故。

不光是在外人看不见的地方，即便是在职场中，有情趣的女人也是清泉般的存在。她会在紧张忙碌的工作之余，挑起一个有趣的话题，让大家参与进来，活跃一下气氛；她会时不时地买来一束鲜花，为大家送上芬芳；她还会真诚地称赞某位同事的新裙子真的很好看，送给别人一整天的好心情……这样的女人，不要说你不喜欢。

不要太"直"，学会融方于圆

青春期的我也不大会说话，但不是对谁都很直接，而是分人。怎么说呢，那时候是有点少不更事，对亲近的人是什么话都能冲口而出，尤其是对父母。因为他们也不会和我计较，但总会善意地提醒，叫我在外面说话要注意分寸，不要任性。后来有了男朋友，最开始是紧张得口拙，不知道怎么说话就干脆不说，到后来关系近了些，便也像对待家人那样随心所欲了。一直没意识到这是个问题，直到后来我的朋友悄悄跟我说，你男朋友对你可真包容啊，你看你说话这么直，他都不跟你翻脸。回来我就问男朋友，有没有觉得我说话太直。结果人家也很直地就承认了，还打趣道：还是很怀念最初的你，嘴笨笨的，半天憋不出两个字的样子好可爱。哪像现在，对我是无的放矢，都不管我有没有面子，有时候真是有气

没处撒啊，因为知道你是有口无心嘛，也懒得计较。我能听出他话语里的无奈，纵然是自己爱的人，也难免被对方的言语所伤。从那以后，我在说话时便格外注意，不管是对家人、爱人还是深交的朋友，都会稍加思索，把要说的话事先过滤一遍，方的话压圆一点再吐出来，而且大家也都感受到了我的变化，说这样的我变得更成熟更有魅力了。从自己的经历中，我就总结出来，真话固然要说出来才好，但怎么说，

是个技术问题。如果能让别人听到好听的真话，又何必讲了真话又伤了人呢？

有人会说，我就这性格啊，怎么破？可我还是那句话，这跟性格关系不大，而是你的情商真的有待提高。如果你一贯是个心直口快的人，不妨仔细回想一下，是不是自己每次说的话都能得到别人的认可？换句话说，就是你说话可有分量？"片言之误，可以启万口之识。"其实，要避免话语伤人真的不难，只需你在开口之前能先替倾听者考虑一下就可以了。我们不管在什么场合与人交谈，特别是当涉及谈话人的某个弱点或缺点的时候，更不能把话说得太直。将心比心，你也更喜欢接受赞许和夸奖而无法接受批评和指责对不对？所以换位思考，真话可以说出来，但尽量选择适当的语言委婉地说。这样一来，不但不会伤了对方的自尊，说不定还能够得到对方的尊重，因为他会觉得你这个人对我是真心，而且又顾及了我的面子，是值得信赖的。

说了这么多，最后只想提醒我们的女同胞，你若什么都好，可千万别败在嘴上。

恰到好处的温柔，
令人如沐春风

　　和一个即将移居海外的女伴吃告别饭，彼此依依不舍，唠不完的私房话。不会喝酒的我只能陪她小酌至微醺，两个女人开始红着脸互诉"衷肠"。我说，再不会有人像你，懂我又鞭策我，赞我又"取笑"我，是你让我欢喜让我忧。她听了贼贼地笑，笑完了又凑到我面前一本正经地说，我就喜欢你的温柔，总是让人如沐春风。我没想到一向大大咧咧的她竟说出如此煽情的话，但老实说，我爱极了这赞美。像我这样的女人，习惯了讲台，习惯了面对几百人的注视，也习惯了顾客的各种挑剔和刁难，再加上他人赠予我的"女强人"名号，更是让我深感自己的女人心早已变得坚强又坚硬。原本以为自己早已失却了女人得天独厚的温柔本性，没想到在朋友眼里，我竟然还是那个温柔的女子，要真用心花怒放来形容我那刻的心情也丝毫不为过。

　　虽然同为女人，但我经常被温柔的同性吸引了注意力。我想，这应该是人之常情。因为"温柔"这个词，听起来就会让人感觉美好。所谓"温"，就是有着恰到好处的温度，热而不烫，凉而不冷，给人温馨、舒适的感觉；"柔"呢，则是柔软而富有韧性，结实而不僵硬，有着曲折而不变形的弹性。"温"与"柔"相结合，成为一种美好的品格，善良、谦卑、朴实又智慧，我想没有人能够拒绝或者反感这份美好，无论性别。有句话说得也很美："能打动人的从来不是花言巧语，而是恰到好处的温柔以及真挚的内心。"以柔克刚，所向披靡。

　　现在这个时代变了，女人的形容词也跟着在变。可是身

为女人，你可以潇洒、干练、智慧，甚至深于城府，但有一样特质不能丢，那就是女人的温柔。而女人有别于男人的，就是她具备了男人所缺乏的温柔气质。温柔，也是女人成为妻子、母亲所必需的一种基本资质和品性，因为它天然地与关怀、同情、仁爱、体贴、包容乃至温言软语相连。温柔自有一种神奇的力量，能够将愤怒、委屈、仇恨、不安等在无形中融化掉。所有的喧嚣吵嚷、强词夺理，都无法在温柔面前张牙舞爪，因为会自惭形秽。所以说，圆融的温柔其实也是女人的利器，它既保有女人的柔弱，又护卫女人的周全。

就拿我自己来说，虽然终日在外奔忙，因为紧张与疲惫而面部僵硬，有时候甚至再开心也挤不出一丝笑容。可是一旦回到家，就自然而然地变成了温柔的母亲和温软的妻子。当然，其间没有丝毫刻意。我想，也许因为家是最温暖最有安全感的地方吧，所以当女人置身家中，便是最放松的时候，而女人的本真也在不自觉中显露，她的线条会变得柔和，言语会变得轻柔，一切都是静好的模样。我自信地认为，这样的女人，孩子会喜欢，爱人也会喜欢，而她的家庭气氛也必是温馨有爱的。

我发现我们的老祖宗很有智慧，因为他们颇有真知灼见地把女人比作了水，试想，还有什么能比用水来比喻女人更精当的呢？女人为什么是水？因为它有水的温柔特性啊。水往低处流，如同女人在家庭关系中的作用，因为她们甘于就下，甘于奉献，才使得男人无后顾之忧，使得孩子纯真自由。水遇到障碍不会碰硬，而是自动拐弯，女人也一样，遇到男人大发雷霆的时候，不去话赶话，不去火上浇油，只需安抚安抚，慰藉慰藉，撒撒娇，男人就会很快没了脾气，这里，女人的似水柔情就是克刚的法宝。

所以，既然我们有幸生为女人，就应该好好保持女人的温柔特质。女人之美，就是要美得温柔似水，美得善解人意，美得温顺含蓄。不要为了彰显你所谓的女强人的霸气，就动不动摆出"大河向东流，天上的星星参北斗"的气势，这样的你，即使再美，也会让人退避三舍，因为这个世界对女人的要求，其实还是以温柔先入为主的。不管你承受着多大的压力，或者有多大的野心，都不要失了温柔这一宝贵的财富，不要像英国女首相撒切尔夫人一样，等到回忆起自己漫长的一生，却只剩下"我一生所犯的最大的错误，就是忘记了自己是女人"的空悲切。

美于当下，无憾于当下

舍与得之间的挣扎和开始从容地懂得拿起与放下。如品茶的人生，这就是你的选择。就这么简单地选择了拿起与放下的那一刻你恍然大悟这就是你的人生。每个人来到这个世界，要么平淡要么精彩，相信对自己生活有所追求的女性朋友们都会拒绝平淡。每次谈梦想的时候很美好，面对现实的时候却有一句经典的至理名言："梦想是很美好的，现实是很残酷的。"多少人的梦想被这句话活生生地吓回去了，一辈子碌碌无为地活着。

十几年前的某一天，孩子的爸爸说你选择做事你就会忽略家庭，你选择家庭就……好像没有了下文。可是面对人生中的婚姻和自己的生活方式，我选择了有自己爱好地活着，至少我们的生活可以如此多变，只要不丢失了家庭的责任，不要漫无目的地活着，同时也是恐惧自己被社会所淘汰被家庭和另一半所淘汰，我坚定地选择了自己喜欢的事。小女人不要大事业，只要有事做有人爱有吸引力就可以啦，走出了家庭，开始了因为自己臭美而选择的各种与美相关的事，服饰、化妆品、美容院、包包、鞋子街边店、商城、写字楼。钻研专注从事美学习美、分享美，简简单单的几句话，被人骗过，员工罢工过，被人勒索过……也许真的是星座在作怪，一直坚持，从来不会因为别人的打击，不会因为遇见的挫折，不会因为不可体会的艰辛而放弃这份爱好。一路走来，从一个十几平方米的服装小铺到几千平方米的女性魅力综合体，从一个服饰店的小老板娘到站在面对几千人的形象美学大讲台，从一个农民家的小女孩到一个形象美学行业的导师及薇时尚品牌的创始人再到美女作家，就是因为一句话，让自己今生的三万多天活得无憾。

因为想，因为选择，因为坚持，从来不会给自己一句："想当初……"每次听到这句话的时候，更欣慰的是总是感恩每一个当下我一直在成长和收获。这本书更深层面地让大家了解薇时尚的由来，因为一个很平凡的小女人在自己学习美丽而蜕变，分享美丽而收获美好的路上认定了这一辈子只做一件事：让更多的女性朋友遇见更美的自己。一切从简从唯美的角度，唯美的妆容，得体的装扮，让人生的每一段时光都会因为美丽而美好，不再遗憾地错过，而是美好地珍惜。我们一起来让"时光带不走优雅"不再是口号而是行动……

第六章　心有千千结，**情思万缕**

不卑不亢的女子，花见花开

　　记得多年前，一位很聊得来的老顾客想要把她的侄女介绍给我当学生，我很痛快地答应了。可是这位顾客后来又犹豫了，说她的侄女生长在乡下，长得也不漂亮，怕我嫌弃。我说没事，替人做形象设计不正是我的专长吗？

后来那女孩被领来了，果然不怎么好看，还很乡土。女孩就进门的时候瞟了我一眼，便再也不敢抬头，无论我怎么和她说话，她都只嘤咛两句算是回应我，反正就是不看我。我很有耐性地问她，是不是打心眼里不想跟着我学习。她忙把脑袋摇得像个拨浪鼓。我说，那你连理都不理我，我怎么教你呢？我们怎么相处呢？她便涨红了脸，半天挤出一句："我怕。"我很意外，便问她怕什么？她说："怕被你嘲笑。"我一下子就明白了，原来这孩子有些自卑，又很自尊，看到这么一个"光鲜亮丽"的老师，便不由得望而生畏了。我于是安慰她说，我很能理解你，因为在你身上能看到我曾经的影子呢！女孩一听，第一反应是抬起头来吃惊地看我。我望着她的眼睛，肯定地点点头，她便娇羞地笑了。

　　此后，女孩放下最初的胆怯，一直坚定地跟着我，直到完成了她自身的蜕变。多年过去，她总会充满感激地对我说，小薇老师，你真是我见过最有气质的女人。我便打趣道，这还用你说。她马上正色道，因为你和别人的气质不大一样，你是一个虚怀若谷的人，从来不会看不起人，也不嫌弃人，跟你相处久了，甚至会忽略你出色的外表而被你的内在深深吸引。听了她的话，我真的很感动，我何德何能，居然受了别人这么大的赞誉！但是这件事也让我总结出一个道理，那就是很多时候我们都容易走入一个误区，认为气质女人应该给人一种距离感，如果太随和就会降低了格调。但我认为，高冷不是气质，随和却是素质，气质是修于内形于外。一个内心美好、不自视清高的人，她会自然而然带有一种气场，令人赏心悦目，心悦诚服。

学会与他的缺点相处

甜蜜的爱情是每个人所羡慕追求的。当彼此喜欢的时候，我们都是在跟对方的优点相处，不断发现对方的长处，不断生出惊喜和愉悦来，但是随着热恋时期的过去，爱情渐渐趋于平淡，一切回归到现实生活中时，我们就不得不跟对方的缺点相处了。

事实上，我们很难遇上百分百吻合的人。但既然能喜欢上对方，很多东西是可以磨合的，应该多一点耐心去摸索对方的特性，去习惯和包容他。

热恋时期无比珍视着的对方的那些特质、个性，也许会在婚后的"审美疲劳"中就变成了"怪异"，但是，如果一个人失去了个性，那他原来吸引人的魅力又来源何处呢？

比个性更难容忍的，是缺点，女人要明白，家是讲情的乐园而不是讲理的法庭，只有用宽容去化解矛盾，用爱去包容对方的缺点，婚姻的道路才能一直平稳。

只要彼此的感情没有偏离原则的轨道，那么就学会包容吧，女人的包容，是策略，也是境界。在长期的家庭生活中，吸引对方的早就不再是美貌、浪漫，而是人格的明亮，修一颗宽容之心的女人，是男人眼里永恒亮丽的风景。

一个优雅的女人，是懂得宽容的女人，既能包容男人的优点，也能包容男人的缺点。

那么，要想维护爱情的甜蜜，怎样正确地对待恋人的缺点呢？说起来很简单，可要想做好却是需要勇气和毅力。

第一，正视缺点

俗话说金无足赤，人无完人。每个人的成长环境、家庭背景不一，也造就了这样或那样的短处和不足，而真正的爱情则是恋人互相使对方高尚起来，互相发现真正的美。有一句话说，美好的爱情使得彼此变得更好，而糟糕的爱情会让我们迷失了自己。

所以，热恋的双方越是在爱情的烈焰升腾的时候，越要使自己保持清醒的头脑，既看到对方的优点，又要看到对方的缺点。不要被甜言蜜语障蔽视听。

经常听到这样的话："你就不能为我改改吗？"其实我们也可以换一个角度想想，"我就不能为了他，接受这一切吗？"

当你不喜欢对方某个习惯特点，可以和对方沟通，尝试去理解。正视伴侣的缺点，并不是否定对方，而是接纳和允许这种缺点的存在。

第二，提出缺点

当你发现对方身上的缺点确实很糟糕，而且会影响到两个人的明天时，怎样向他指出来呢？

首先要选好时机。恋爱初期正处于观察了解阶段，双方关系比较松散。此时，谁都极力想给对方留下美好的印象，而不愿暴露自己的缺点。随着时间的推移，双方互相了解越深，感情越浓，各自都在对方的心中占据了重要的位置。

这时，若发现对方的缺点，可以婉转地向对方指出其存在的不足，对方常常会比较愉快地接受。其次，给恋人提意见，同样要讲究方式方法。

有人认为，两人既已海誓山盟，还有什么不能说呢？

殊不知，居高临下的命令，简单生硬的训斥，或者讥笑、讽刺、挖苦都特别伤害恋人的感情与自尊心。要知道恋人之间的关系不同于父母与子女、领导和群众、老师和学生的关系，恋人之间的关系是平等的。

此外，也要注意场合。古人说的好"当面责子，背后责妻"。人都是要脸面的，纵使对方有天大的缺点，你也不能不分场合地指责和奚落对方，否则，对方会觉得无地自容甚至会恼羞成怒，从而影响双方的感情。

有时在公共场合，你认为恋人的举止、言谈确有过分，你也只能暗中提醒他，具体的就留待两人单独在一起时再指出来，并请对方下次注意改正。这样，既有利于问题的解决，又有利于维护和增进两人的感情。

第三，改正缺点

有人这样说：爱情真正的人道主义，就在于能够看到心爱的人身上的缺点，善于找到这些缺点，最后消除这些缺点。为了使爱情更加融洽、和睦，双方都必须不断地克服、改正自己身上的缺点。

应该说，在巨大的爱情力量的支配下，两个人去改正一个人身上的缺点是比较容易的。

生活中有这样的人，他的缺点很突出，甚至多于优点。然而，爱情的力量却能使他充满"浪子回头"的自信心，也使他本人充满了改变的勇气，彼此所坚持的今天，是因为看得到改变和希望的明天。

当然，有些习惯是可以改的，但有些是不可以的。对方生活那么多年，已经是个独立的个体了。每个人的成长环境不同，他这样的特点，是有原因的。强行改变，可能会带来不必要的坏影响。

盈盈一笑，世界和平

"微笑是这个世界上最通用的语言。"无论走在哪个空间和哪个国度，我们迎面而来的微笑让我们的惶恐和陌生感瞬间消失。我们经常形容一个老太太的慈祥，她的面容一定是处在微笑的状态。我是一个无所畏惧的女子，出国一个人，不懂几个英文，更别提日文韩文了，可是逢凶化吉的都是因为我的微笑和遇见微笑的人。记得小时候长辈们就教导：路长在嘴上。而几十年受用了，并加上了一招：微笑让我们的路更加的通畅。

很多女人不懂，微笑才是我们这个性别群的标配。你纵是长了一张沉鱼落雁的脸，如果总是面无表情或面带愠色，那也未必能产生倾国倾城的效果。倒是如果点缀一抹微笑的喜色，便会让人过目难忘——可不要小觑了微笑的魔力，那是带着杀伤力的。所谓"此时无声胜有声"，非微笑能达到。特别是在比较庄重的场合，微笑最是恰到好处，不浮夸，不谄媚，不世故，也不严肃，它的最大之功，就是能缩短人

与人之间的心理距离，为进一步的沟通和交往营造温馨和谐的氛围。总之，微笑之妙，难以言尽。

但是，人们往往因此而走入一个误区，认为微笑不就是一个简单的表情吗，嘴角微微上扬便可一气呵成了。你真的以为微笑之所以动人，是因为它的造型吗？NO！只有发自内心的微笑，才可能有感染力。因为真诚的微笑，是调动眼神、眉毛、嘴巴、表情等各方面的动作协调完成的，只有这样的笑才会自然大方，令人心生喜悦。也只有这样的笑，才会真正彰显你的优雅气质。如果你的微笑只是为了在自己脸上挂一个动作符号，那它无疑是生硬和虚假的，不但不真切，甚至令人反感。

写下这篇关于微笑的文章，忍不住微微一笑。我想，我写此篇的初衷，便是只愿世间女子都有好看的笑，也唯愿人间处处有微笑。人世间没有事事如意，一笑而过未尝不可，所以我们哼起一首歌：笑一笑，好事要来到。每天好时光，每天好运来。修炼和拥有迷人的微笑，带着这份笑走遍你想要走的世界。

你的气质里，有你看过的风景

女人花更是要经受更多的"风吹雨打"，才能花开不败，娇艳动人。

对于很多女性来说，旅行是带有目的性的，我们听得最多的是这样的口头禅："最近好烦，真想出去走走。"这个时候，旅行是为了散心。当然，还有各种目的，比如听说那里很美，我想去看看；前段时候忙得昏天暗地，该出去放松一下了；孩子放假了，总得带他出去玩一下……看看吧，旅行被赋予了太多的预期。

在我所接触的女性中，一部分保持着定期旅行的习惯，有人喜欢走得远远的，走出国门；有人喜欢国内游，天南海北任我游；也有人钟情于附近的山水，每个周末都会安排一次远足，或只是自己，或与家人同行，或一帮闺蜜相约……这些热爱出走的人，先不说身体状况比那些"宅女"精神头更足，就她们的性格、谈吐和气质，大都完胜后者。我觉得有句话说得很好："看到不同的风景，是另外一种阅读。"一个人走的路多了，见识的风土人情多了，她的视野也跟着开阔了，知识也跟着丰富了，人也会变得开朗大气。

有的女性会说，日子过得不是很富足，有什么资格谈旅行，把旅行的钱拿来生活多好。这样的观点当然是错误的，因为旅行就是生活。有时候我们很容易走入旅行的误区，比如有的人喜欢盲目跟风，有的人喜欢追求刺激，这都不是理性的旅游。一句话，女人的旅行，怡情是最好不过的。

终日生活在城市的钢筋水泥里，再美丽娇贵的花朵都会失去光彩和活力。女人花更是要经受更多的"风吹雨打"，才能花开不败，娇艳动人。那么女人们，行动起来吧，让我们用有限的时间，有限的金钱，有限的精力，去看无限的风景吧！

心中永远有爱，魅力常在

　　我无意于在这里用任何"鸡汤"来煽情，但事实是，一些故事深深撼动了我。在刚刚结束不久的 2016 里约奥运会上，我为奥运健儿们的热血和热泪感动，但最让我震动的，是 41 岁的乌兹别克斯坦体操选手丘索维金娜。对于职业生涯极为短暂的体操运动员来说，41 岁真的算是超高龄了。可是，是什么促使这位大龄女运动员第七次出战奥运会，完成超高难度的体操动作的呢？各大媒体的新闻标题给出了答案：为爱而战。为了给患白血病已十多年的儿子阿利舍凑足医疗费用，早该退役的她却一次又一次地不断挑战极限，征战沙场。一句"你未痊愈，我不敢老"的宣言感动世界。是啊，爱是一切的答案。

我们这里说的爱，不单指母子之爱、夫妻之爱这样的小爱，还有对人对事对生活的大爱。爱使人精神饱满，爱令人获得尊重，心中有爱，才不会迷失方向，因为爱就是方向。有爱的女人，温柔而有力量，因为爱就是最好的武器。

有爱的女人首先是有教养的。在和他人的交往中，她不会总是以自我为中心，而是习惯于站在对方的立场来思考问题，处处替人着想，有一颗宽容、体谅的心，并因此而赢得他人的喜爱。

"女人不一定要漂亮，但一定要善良。"有爱的女人是善良的。善良不是指要做多少善事，而是不给别人添麻烦，能够以己之力予人方便，对家庭、朋友、社会做到问心无愧。善良的背后总会有所取舍，而善良的女人一般会选舍弃取，她的起心动念皆是成全他人。

"生活的本意是爱，谁不会爱，谁就不能理解生活。"有爱的女人是热爱生活的。她们乐观积极，总是充满活力和激情。她们没有时间忧郁颓废，因为她们有方向有动力，并为此而努力奋斗着，从不浪费光阴。

总之，爱是一门女人终其一生都要学习的学问，女人被人爱不难，难的是要学会爱人。只有学会了爱，你的爱才会持久，魅力才能永存。

诗意优雅淡定从容

与漂亮相比，优雅更为含蓄内敛，所以真正优雅的女人，大都是"淡定从容"的。不管生活赋予她怎样的际遇，她都会表现得从容不迫，至少不会狂躁不安，甚至歇斯底里。

优雅，是多少成熟女人的渴望？可要真正拥有优雅的气质，又谈何容易？就这简单的两个字眼，却是要通过内外兼修来达到。因为它不只是可以修饰的外表，也不只是可以暂时隐忍的脾气，而是一种自然而然的生活态度和从骨子里散发出来的人格魅力。想走优雅路线的你，势必经过多方面的提升，最后拥有自己的生活格调和品位。

凡此种种，已经十分明晰，如果不能做到淡定从容，那么你离优雅还十分遥远。但是不要气馁，只要意识到这至为关键的一点，试着去掌控和调整自己波动起伏、焦躁不安的情绪，那么你的梦寐以求还是大有希望的。

　　当我们志在做个优雅的女人，就要有一鼓作气的勇气，因为它需要我们用一生的时间去修炼。但是在这样一个过程中，你会可喜地发现自己在日臻完善，并爱上和习惯这样的自己。

　　优雅的女人在任何一个场合中，都不是以光鲜靓丽的外表取胜的。她的优雅恰好在于从不哗众取宠，即使美，也是那种有如深谷幽兰般的清新淡雅。她能分清主次，在任何场合中与人和谐相处，做到不容忽视，又不喧宾夺主。

　　事实上，优雅的女人不管是在主场还是客场，都不会是卖弄风雅的那一个，因为她们有着天生的教养风范，根本不会刻意取悦。她们随时都保持低调平和，或浅笑倩兮，或轻言细语，如兰花般静静地绽放，有着说不出的美好。

　　所以，要做一个优雅的女人，就要时刻注意待人接物的细节，因为细节也能成就一个人的品质和气场。

　　那么从现在开始，请摒弃那些所谓通过精美装扮和刻意包装就能打造出优雅气质的鬼话，好好养身养心。只有当你的内在与外在一样谦和美好，从容淡定，你才能配得上"优雅"这个高贵的名词。

饱满的灵魂源自对生活的热爱

优雅女人的美丽更多在于心灵之美，让兴趣塑造你的美丽，做个可爱的女人。

一个优雅的女人，她们爱自己的容颜，爱自己的身体，更爱自己的灵魂。

而饱满的灵魂源自于我们对生活的热爱与认真经营。它让我们发现自己的特长，钟爱某一件事物，发自内心的喜爱和行动，我把它叫作爱好。

但是有些人在 25 岁的时候就已经失去了这种好奇和热爱之心，她们为求生存自保，为了自己的家庭和孩子成长，花费了大量的精力和时间在工作和家务上。

说起来，似乎只有等孩子长大成家，自己苦战一线到退休的时候，才会有属于个人的时间与空间呢。而很多女性，甚至连这个时间都会贡献出来，给自己的孙子孙女们。这让我想起朋友说过的一句话："很多时候我们为了生活和生存，必须要放弃个人的兴趣爱好。"

的确，毕业工作到现在，时间眨眼就过去了，少女时期的无忧无虑好像昨天，而现在的我们有时候为了赶项目加班十几个小时的都有。女人不再是裹着小脚在家相夫教子的角色，我们同样要撑起生活的半边天。

职场生涯竞争激烈，事业让女人获得尊重和话语权的同时，属于自己的时间和爱好也随之变少。可是，没有一个为之欢欣喜悦、持之以恒的爱好，我们的灵魂是不完整的，我们的优雅，是缺憾的。

　　一个优雅的女人一定会有属于自己的兴趣和爱好，她的世界中除了工作、伴侣和孩子，还应该有一方属于自己的秘密花园。不论闲暇时，孤独时，寂寞时，伤感时，都因自己的特长和爱好，而不至于被漫漫人生消磨尽那股优雅灵动之气。

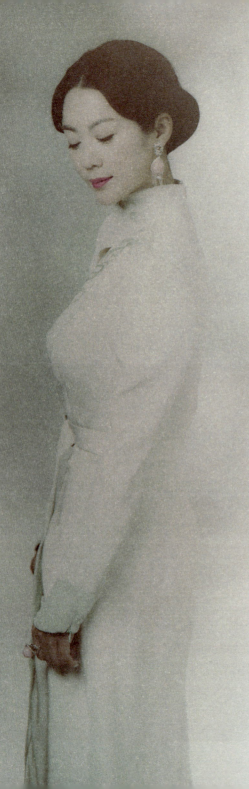

学会优雅转身

　　萤火虫这种生物，在爱情方面，是非常让人欣赏的。这种带光的小生物很有灵性，求偶的方式也很特别：雄性一边飞舞一边闪光，感兴趣的雌性则会给予闪光的回应。如果二十秒之后雌性还没有回应，雄性就会飞走，非常优雅。

　　在一段错误的感情中，放手所有不属于自己的东西，优雅地转身，也是每一个女人都应该学会的。

　　很多人会觉得，在越来越浮躁的年头遇到一个自己爱的人，非常不容易，因此分外珍惜这份爱情。这种想法是对的，但是，有的爱情，一味艰难地维持下去其实是一种错误。

　　所有的爱都不是嘴上说出来的，实际行动更能说明问题，爱不是逃避给彼此幸福的责任，而是努力地实现让彼此幸福的义务。

如果没有责任妄谈爱情，就像守望一朵没有根部的花朵，希望它永久鲜艳美丽，那只能是幻想。

爱情中有时候会有一方爱另一方较多的情形，在健康的感情关系中，会交替出现这种现象，两人轮流扮演追求和被追求的角色；但如果有一方总是扮演追求者，这样的感情是不健康的，长久下去，你会感到愤怒、受骗、痛苦。

有些女性，为了让家人沾光，自己有面子，选择一个有钱有势或者外表俊朗的伴侣，如果两个人之间真的有感情，那还算是比较和谐的关系，但是如果这些为了"面子"而勉强维系的爱情，都是很薄弱的。因为你爱的是他带给你的虚荣和满足感，而不是他原本的样子。

在爱情中，从来没有什么身不由己，选择权在我们自己手上，责任在我们自己身上，女人一定要选对人，在错误的感情中，不执着，不任性，学会优雅地转身。

给你的爱情来一道甜点

爱情就好像一盘美食，即使再高级新鲜的食材，再绝妙的厨艺，一成不变的内容和烹饪方式还是会让人觉得乏味，生活需要不断地调节、不断地变化，才能带给人不断的味蕾刺激和惊喜。

爱情中不断制造的改变和惊喜就像我们精心准备的餐后甜点，可以使你的感情升温，沟通更顺畅。

每个恋爱中的人都希望得到更多爱情的滋养，这比起日常生活的呵护更为重要，那么怎么做才能让两个人之间更甜蜜呢？

适当地改变自己的造型，不仅是取悦自己，也是让爱的人不断挖掘你的另一种美的可能。他会感觉到你在用心地经营自己和这份感情，这种示好，既可以督促自己不会因为感情婚姻生活趋向稳定，而疲于打理自己，又能给彼此增加情趣，再美不过。

生活中一些小惊喜会给你们带来意想不到的效果，在这个越来越浮躁的年代，更多人愿意物质甚至直接用红包来表达心意，却再也没有那份费尽心思来取悦彼此的情意了。所以，当我们用心去为对方做点什么时，会发现这种快乐是成倍增长的。

比如，经常在他喜欢的漫画栏里写一些话，出差时两个人约定在同一时间看个电影，在弹幕网上敲下一行字，直接或间接地表达对他的爱意。男人和女人一样，都是有虚荣心的，没有什么比大方地当着世界的面说，你爱他，更动人。

平时疲于工作和家庭琐事，爱情也会越来越平淡，有时候下班回来，两个人见面累得连说话的力气都没有，成了典型的夜间夫妻，这是大多数人的真实写照。这种时候，不妨给彼此放一个假，周末或假期的时候，约着伴侣一同去野外或者某个小古镇放松一下身心。

在宁静清新的自然环境下，丢掉平时烦恼的琐碎，两个人看待问题的心境和角度也会不一样，如果有什么矛盾一直积压着，这种时候是最适合给爱情放个假的。

给他想要的，是一种发自内心的爱意。有时候，男人可能舍得为你付出很多，只想给你最好的，却把自己的需求看得不那么重要，这个时候，送他一只他心仪已久的手表，或者早就看中的篮球，这种投其所好的惊喜，会让他的幸福感爆棚。

女人味，就是百味杂陈

　　女人味囊括种种，不一而足，但你真正需要的，是符合你特质的那一种。

　　若问何为女人味，恐怕连女人自己都对这一概念含糊不清，往往要通过第三者的视听来判定。所以人们常说，女人味不是嗅出来的，而是感觉出来的。论一个女人的味道，人们常从她的一笑一颦、一举一动中所流露出来的气质评定：或高贵优雅，或奔放热情，或狂野泼辣，或亲切随和；有时也从身段姿态中窥出一二：或丰腴性感，或纤细娇巧，或健壮沉稳；偶尔也从眉眼流光中探个究竟：或坚定果敢，或温暖明媚，或娇嗔内蕴，或纯真无邪……

　　朱自清先生曾有过这样一段对女人的描述：女人有她温柔的空气，如听箫声，如嗅玫瑰，如水似蜜，如烟似雾，笼罩着我们，她的一举步，一伸腰，一掠发，一转眼，都如蜜在流，水在荡……女人的微笑是半开的花朵，里面流溢着诗与画，还有无声的音乐。这段话优美而精准地诠释了所谓的女人味：静若清池清澄安然，动若涟漪调皮悦动。所以，真正的女人味绝不是飞扬跋扈，不是喜怒形于色，不是哗众取宠，更不是肆无忌惮……总而言之，女人终归要有女人样，才可散发真正的女人味。

　　女人啊，千万不要以为只靠一堆名牌就能让你拥有女人味，它们只能虚饰你的外表。物质堆砌不出女人味，再多的奢侈品也只是你的外包装，它无法改变你骨子里浑然天成的气质。富有、漂亮的女人不一定有女人味，但有女人味的女人即使不富有，不漂亮，也能令人赏心悦目。

女人，要有自己的趣味。书法、茶道、花艺、音乐、瑜伽、读书……女人要学会修炼和提升自己，要乐于学习，要涉猎文史哲学，偶尔还要去看看流行电影，不定期地四处游走，观摩这广阔无边的世界。

女人，要有自己的品位，要学会淡定、从容地面对生活，不盲从，不迷失，亦不患得患失。宁静淡泊的女人气质如兰，她们一贯化着淡妆，笑容可掬，语速适中，不急不缓，无论何时何地都能保持优雅自信。

女人，要有自己的韵味。不论是二八碧玉还是桃李年华，不论是花信之期抑或半老岁月，我们都不能失去柔情，不能忘了性别赋予我们的独特情怀。娇憨可爱也好，温柔妩媚也罢，若能做到永远保持本真，便可韵味悠长，耐人寻味。

女人，要有自己的清味。所谓清味，便是不事张扬，也无须寡淡，而是恰到好处。要知道，说话喋喋不休的女人看起来强势，做事风风火火的女人看起来热情，待人大大咧咧的女人让人感觉豪爽，但都与女人味不甚相投。所以，何不做个清新淡雅的女人，明眸善睐，笑看云卷云舒，垂首生媚态，扬眉好姿态，举手投足间总能令人怦然心动。

女人，要有自己的意味。尤其作为东方女人，得有东方的神韵和情调。就像那缓缓流淌的、动人心弦的古筝乐一般，既要有令人心旌荡漾的曲调及让人难以琢磨的音色，还要有润物细无声般的诱惑和层山难望断般的内涵，这就是女人独有的意味，带着只可意会不可言传的神秘感。

女人味囊括种种，不一而足，但你真正需要的，是符合你特质的那一种。静若清池也好，动如涟漪也罢，重要的是做你自己。

第七章　世间万物，皆可抚慰

那些你读过的书，把你变成
耐读的女人

有人喜欢问我，小薇老师，你现在既是品牌创始人，又是美女作家、高级礼仪培训导师、高级化妆造型导师，还是女性综合魅力导师，能拥有这么多重身份，你是怎么做到的呢？

只四个字：看书学习。

对我来说，书是一种不可或缺的存在，何以解忧？唯有阅读。一点不夸张。这里的忧，不是指忧愁，而是忧虑。当我觉得自己在讲台上传播给大家的知识要见底了，就会特别焦虑，特别抓狂。这时候，除了四处拜师学习，就是不断地看书充电。熟悉的人都会觉得，小薇你能有今天的成绩，都是你多年的阅历累积起来的。我承认，阅历对一个人的深度起了很大的作用，但是，那些阅历无法得来的东西，书本都可以给，一个人的知识之所以能形成他的思想体系，一定要有阅读的助推。

只要有闲，我就与书为伴。我的家里几乎全是书，床头柜、沙发、办公桌，凡是能看到的地方都有书，因为我会随时看。只有在读书的时候，我才会没有危机感，更无慌乱感，因为我觉得它的包罗万象能让我受用一生，我永不必担心断流，只要我肯阅读，我总能从书的世界找到我所需要的。这种美妙安心的感觉，真的是任何有思想的大师也无法给予的。

书读多了，你就会明白很多人、事、物，你的知识面也就广了，知识一旦丰富起来，人就会变得更自信，在家扛得住孩子的"十万个为什么"，出门也不怕与人"高谈阔论"。这样一来，你在待人接物时就不会再小心翼翼，而是落落大方，人

一大方，这气质就出来了。还有就是，读书所得，完全是丰盈了你自己的内心世界啊！读到好书，你会循序渐进地吸收书中的养分吧，日子久了，不也就在无形中有了自己的见解吗？这意味着你在精神上开始独立了。精神的独立，将促成你性格的独立，好吧，你又是与众不同的了，专属于你的独特气质也日趋显露。总而言之，读书不但能开阔你的视野，丰富你的知识面，它最重要的一点，就是能让你形成自己的世界观，并使你的性格有着无人复制的脱俗。还忘了一点，其实我最喜欢"书卷味"这个词。我觉得有书卷味的女人是所有气质类型中最温润、雅致的，带着东方女性特有的神韵，美好又神秘，让人不可亵渎，充满敬意与爱意。

　　有道是：女人如书，经久耐读。愿君如是。

虚怀若谷，气质如兰

　　很多客户与我相熟后，都喜欢对我说，小薇老师，我看你是先天条件比较好，要脸蛋有脸蛋，要身材有身材，要气质有气质，所以走到哪里都是焦点。可我资质这么差……每当这时候，我便会笑着指出她们的一些自身优势，告诉她们每个人都可以修炼出自己的独特气质，"只有懒女人，没有丑女人"是经过血泪总结出的真知灼见，从而帮她们拾起一些自信。最后，她们都会开心地说，小薇老师，你不但人长得好，还没有架子，跟着你学习，感觉一点儿压力也没有。我在心里也乐了，是啊，这就是我想要的效果，也是我喜欢的效果。作为一个气质女人，不是让人觉得高高在上，而是觉得既美好又让人忍不住想要亲近。

　　记得多年前，一位很聊得来的老顾客想要把她的侄女介绍给我当学生，我很痛快地答应了。可是这位顾客后来又犹豫了，说她的侄女生长在乡下，长得也不漂亮，怕我嫌弃。我说没事，替人做形象设计不正是我的专长吗？后来那女孩被领来了，果然不怎么好看，还很乡土。女孩就进门的时候瞟了我一眼，便再也不敢抬头，无论我怎么和她说话，她都只嘤咛两句算是回应我，反正就是不看我。我很有耐性地问她，是不是打心眼里不想跟着我学习。她忙把脑袋摇得像个拨浪鼓。我说，那你连理都不理我，我怎么教你呢？我们怎么相处呢？她便涨红了脸，半天挤出一句："我怕。"我很意外，便问她怕什么？她说：怕被你嘲笑。我一下子就明白了，原来这孩子有些自卑，又很自尊，看到这么一个"光鲜亮丽"的老师，便不由得望而生畏了。我于是安慰她说，我很能理解你，因为在你身上能看到我曾经的影子呢！女孩一听，第一反应是抬起头来吃惊地看我。我望着她的眼睛，肯定地点点头，她便娇羞地笑了。此后，女孩放下最初的胆怯，一直坚定地跟着我，直到完成了她自身的蜕变。多年过去，她总会充满感激地对我说，小薇老师，你真是我见过最有气质的女人。我便

打趣道，这还用你说。她马上正色道，因为你和别人的气质不大一样，你是一个虚怀若谷的人，从来不会看不起人，也不嫌弃人，跟你相处久了，甚至会忽略你出色的外表而被你的内在深深吸引。听了她的话，我真的很感动，我何德何能，居然受了别人这么大的赞誉！但是这件事也让我总结出一个道理，那就是很多时候我们都容易走入一个误区，认为气质女人应该给人一种距离感，如果太随和就会降低了格调。但我认为，高冷不是气质，随和却是素质，气质是修于内形于外。一个内心美好、不自视清高的人，她会自然而然带有一种气场，令人赏心悦目，心悦诚服。

　　我也接待过一些脾气暴躁、目空一切的"气质女"，短暂的接触下来便会心生反感，只能说她们外在形象过关，综合魅力却难以及格，让人不想再打交道。这样的女人，看着

像艺术品，但一点也经不起推敲，了
解其为人处世后，便会觉得其外在的
风光都如同赝品表面的涂釉。

当然，要想做气质女人，也不能
走入另一个极端，就是过分谦卑。谦
卑本身是美德，但过度就会适得其反。
我们知道，女人都很敏感，其实也就
是情感比较丰富，极易在比较中产生
心理落差，比如觉得谁谁谁比我漂亮
啊，事业比我有成啊，家境比我好啊，
老公比我的有钱啊等等，从而产生己
不如人的自卑心理，这将直接影响我
们在与人交往时的风度和气场。要知
道，落落大方的气质，必须要有强大
的自信心支撑才行。

总之，不管你有多少傲人的资本，都不要把颐指气使
变成习惯，不耐、不屑、不满通通不要来，还有那些小小
的不安，也要适当地隐藏，做个不卑不亢的女子就好，因
为只有虚怀若谷，才能气质如兰，值得品赏。

低调是真正的智慧

　　有句话怎么说来着？"一个人越炫耀什么，证明她越缺少什么。"我年轻的时候也迷过亦舒，而且最初就是被她《圆舞》里那句"真正有气质的淑女，从不炫耀她所拥有的一切，她不告诉别人她读过什么书，去过什么地方，有多少件衣服，买过什么珠宝，因为她没有自卑感"而打动的。原来气质淑女永远不用去刻意证明什么，因为她的一言一行就能透露出她的风雅和格调。

　　曾经心血来潮问过老公，最讨厌什么样的女人？原本以为他会故作绅士状，含糊其词地敷衍我，毕竟一个大男人讲女人的"坏话"总归是不好的。可是没想到这男人想也不想地回答我说，这世上两种女人最可怕，一种是话多，爱八卦的女人；还有一种就是爱炫耀和显摆的女人。说话间还一副愤愤然的样子，好像曾经深受其害似的。说实在的，我没想到老公的观点竟和我的不谋而合。我的工作注定要在外面抛头露面，和各种各样的人打交道，照理说久经沙场，也能"运筹帷幄"了，但我还真对一些"高调"的女士头疼不已，束手无策。

　　女性从属性来讲，是属静的，这

也是我们这个性别的本质。你也许会说，小薇老师你怎么也有"男尊女卑"的思想啊！我在此申明，我可是永远站在男女平等这个立场上的哈！但是，不管时代如何改变，不管女人"顶半边天"

还是"女汉子"横行，我们都不能忘了女为阴男为阳的事实。女人不管其身份角色如何，她都应该是柔的，是向下的，有那么点"柔顺"的意思，而男人则为刚，是向上的。柔性的女人，就不要太张扬了，因为这与你的自身属性相悖，一旦张度太大，就会使你的性别和你的行为有违和感，自然也就得不到大众的审美的赞同。

言归正传，低调的女人该是什么样的呢？我认为吧，就是凡事不要太刻意去展示去外现。如果你富有，那就好好享用，不必告诉别人，除非你有意让他人分得一杯羹；如果你有能力，那么好吧，默默把事做好就行，不必锋芒太露，更无须积极邀功，别人看出来比你说出来更有说服力；如果你漂亮，那好吧，更无须去炫耀你的脸蛋你的身材，大家的眼神都很毒的好吗？有一句广告词不是叫"低调的奢华"吗？值得女人好好玩味。

最华丽的孤独，是学会与自己独处

孤独可以说是所有女人的天敌，很多女性害怕把自己陷入孤立无援的状态，心灵也因此而变得非常脆弱。一个长期自我感觉孤独的女人，时间长了，可能会导致心理不平衡，影响她正常的才能发挥，甚至在思想生活上产生一系列变化。其实大多数女性的孤独感，并不是因为离群索居，而是因为没有学会与自己相处。

一个无法跟自己相处的人，一般不会有什么大智慧，更算不上什么优雅的女性。

孤独，其实是一种极高的人生姿态，因为只有如此，我们才懂得如何照顾自己的内心需求，不被外物所左右，听得到自己的心声。

一个懂得与孤独作伴的女性，她会把喧嚣的时光梳理成荷塘月色般的淡然与恬谧，静守一份淡泊，这是优雅的一种境界。而无法直面和享受孤独的人，其实是很寂寞的。有些女性朋友，下班之后几乎把时间都花在参加各种聚会活动沙龙上，她们无法让自己安静下来，因为她们害怕孤独，害怕跟自己相处。因为只要跟自己相处，就需要跟自己的内心对话。所以很多人需要热闹的环境，在其中寻找自己的存在感，其实她们是很寂寞的。

在我们内心深处，也许都有过桃花源这样的渴望，过着与世无争的生活，但是现实中似乎可望而不可即。我们生活在钢筋水泥的城市森林里，每天与吞云吐雾的汽车和飞机打交道。也许我们无法让自己的身体处在宁静舒适的环境中，但是在精神上过那种纯净的生活并不是完全不可能的。

在水泥的森林中，我们的精神可以遗世独立，可以追求纯净和美好。远离所有的丑陋和阴谋诡计，远离所有的竞争和世俗的目标。

而这种心境，从我们享受孤独开始。你会发现精神上的孤独，是人的一种真实精神境界，其本身并不可怕，但和它共处却需要一颗强大的内心。

这就是我想告诉各位女性朋友们的：学会与孤独共处，将会是我们一生的练习。

我们的一生都在和人打交道，从这个角度来看，人是不会有真正的孤独的，真正的孤独更多的是在精神上的，在肉体上谁也做不到。父母、朋友、爱人，孩子一生都会和我们在一起，像卡夫卡、叔本华、尼采这些大哲学家他们都有一种精神上的孤独。这其实是人生一种真实的境界。即使在亲密无间的二人世界里，我们和伴侣的灵魂也不会完全重叠。

孤独本身是需要力量的，只有内心强大的女性才能做到，它不是一个可怕的东西，正如尼采所言，"一个内心孤独的人是强大的"。

但很多人并没有学会与孤独相处，想想看，你是不是也经常这样？

害怕一个人待着，所以总想用无尽的热闹来填补内心的寂寥；不愿意一个人做事情，就算是去卫生间，也想找一个人跟着。只要到了周末，伴侣出差，亲友不在身边，就会觉得很凄凉，不开心，做什么都没劲头。

甚至有时候，因为害怕一个人，以至于交朋友一点都不挑剔，哪怕是自己讨厌的人，只要肯陪着自己也好过一个人。我有一个朋友，她睡觉的时候一定要有人陪才睡得着。虽然她心里明白，现在的男友并不适合她，两个人经常吵架，但是因为不敢一个人睡，她无数次妥协于自己的软弱，总也走不出这个怪圈。

最悲哀的莫过于，因为总是害怕一个人，于是把自己长成一根树藤，只能寄生在别人身上。以前是父母，上大学是同学，然后是恋人，结婚后是老公，永远都不能一个人。

为了对抗这种孤独，甚至有人用完全错误的方式去战斗，总是怀着忐忑的心揣测爱人朋友的想法，生怕他们对自己有什么不满，不敢一个人尝试做一件事情，甚至觉得一个人去看电影都觉得丢人。可是我们都知道，不管是亲人还是朋友，哪怕最亲密的爱人，他们都有自己的事情，都会一段时间或者很长时间离开我们。

父母终有一天会离开，孩子终有一天会长大，爱情也会有聚有散，这些人在我们的生命中来来去去。如果我们不能学会与自己的孤独相处，为了掩盖孤独，贪图、迷恋喧闹，只会因此更加的寂寞。

孤独就像我们身上的一块皮肤，自我们出生起就相随相伴，每个人都必须承受孤独的考验，就像著名作家加西亚·马尔克斯说的那样："安然度过生命的秘诀，就是和孤独签订体面的协议。"

一个女性的生命最终将以什么样的方式绽放，取决于她对孤独的接纳程度。

那些坦然享受生活的每一面，包括喧闹、平静、纷乱、庸常等一切状态的女人，无论是成功还是失败，都更有资格称得上优雅的女人。

给灵魂一个修禅打坐的时间

据说古老的印第安人有个习惯，当他们的身体移动得太快的时候，会停下脚步，安营扎寨，耐心等待自己的灵魂前来追赶。

有人说是三天一停，有人说是七天一停，总之，人不能一味地走下去，要驻扎在行程的空隙中和灵魂会合。

在漫长的人生中，我们会面临各种各样的诱惑、道不尽沧桑黯然的漠然、数不尽的琐碎繁忙以及无声的苍凉，一个人要以清醒的心智和从容的步履走过岁月，需要一颗从容淡定的心，特别是一个女人，如果欲望太多，要求也会随之增多，无尽的追求只会迷乱了我们的脚步，这种时候，生活各种不顺和烦恼也会接踵而来。

而聪慧的女性，会告诉自己"如果我们走的太快，要停一停等候灵魂跟上来"。

想一想，我们多久没有认真看过一次日出日落？学会在第一道曙光进入眼帘的时候慢慢欣赏它；在春暖乍寒的阳光里，眯上眼感受它洒向肩膀的时候那种惬意；在没人打扰的午后时光抱着一本心仪的书，静静享受它，然后安心打个盹；把那些永远也做不完的工作放一边，地球离了谁都会转，安排一下日程，把你最想去的那个地方的机票定了，感受一下随意背个包就能出发的那种率性和痛快。

身为女人，生活本身已经实属不易，为了担负起自身为人妻女母亲的角色，我们不得不每天奋战，无形的压力常常逼迫得我们无法喘息。日复一日，我们也就习惯了这种埋头苦干，一路向前冲的生活模式，以至于很少停下来思考和回味生活本身。

正是因为我们走得太急太快，我们忽略了身边很多细小的美好，错过了眼前原本动人的景色，心灵变得日益粗糙，眼睛蒙蔽上灰尘，对美的触感变得迟钝。

稍不留神，我们的灵魂便远远落后在追逐功名利禄的诱惑中，消失得无影无踪了。

　　每一个生命都不是生来受苦的，它们一定是来享受的，而不是急急忙忙地完成生老病死的自然进程，然后归于尘土。

　　佛语上说：以修行的本身为乐，而不是以修行的结果为乐。当我们开始为了生活而疲于奔命，生活就已远离我们而去。就像有些人本身是为了更好的生活才努力工作的，结果到头来只剩下工作，而没有了生活，这是本末倒置的做法。

　　只有让我们的身体慢下来，给我们灵魂一个修禅打坐的时间，去感受细微的乐趣，短促的享受，才能得到广阔的宁静和永久的祥和。

　　我相信，一个真正从容的女人，在生活中遇到任何事情都不会慌了分寸，她的言行总是先过大脑思考才会出来，遇到无法解决的难题时，她们会慢下自己的脚步，不焦虑，不急迫，而是耐心等待时间给我们的答案。

　　因为，没有比这更好的方法。